E. Magenes • G. Stampacchia (Eds.)

Teoria delle distribuzioni

Lectures given at the
Centro Internazionale Matematico Estivo (C.I.M.E.),
held in Saltino (Firenze), Italy
September 1-9, 1961

C.I.M.E. Foundation
c/o Dipartimento di Matematica “U. Dini”
Viale Morgagni n. 67/a
50134 Firenze
Italy
cime@math.unifi.it

ISBN 978-3-642-10966-9 e-ISBN: 978-3-642-10967-6
DOI:10.1007/978-3-642-10967-6
Springer Heidelberg Dordrecht London New York

Reprint of the 1st ed. C.I.M.E., Ed. Cremonese, Roma, 1961
With kind permission of C.I.M.E.

Printed on acid-free paper

Springer.com

CENTRO INTERNATIONALE MATEMATICO ESTIVO
(C.I.M.E)

Reprint of the 1st ed.- Saltino, Italy, September 1-9, 1961

TEORIA DELLE DISTRIBUZIONI

CENTRO INTERNAZIONALE MATEMATICO ESTIVO

(C.I.M.E.)

B. MALGRANGE

OPERATORI DIFFERENZIALI

Lezioni raccolte e redatte da G.Geymonat, M.Miranda, S.Zaidman

ROMA - Istituto Matematico dell'Università

OPERATORI DIFFERENZIALI

di B. Malgrange

INDICE

B.Malgrange

Cap.IV - <u>P-convessità</u>

1) Definizione di P-convessità

2) Un teorema di esistenza in $\mathcal{D}'(\Omega)$

3) Caratterizzazione geometrica degli aperti P-convessi

4) Proprietà geometriche della frontiera degli aperti P-convessi

B. Malgrange

INTRODUZIONE

Notazioni

$\mathbb{R}^n$: $x = (x_1, \ldots, x_n)$

$k = (k_1, \ldots, k_n) \in \mathbb{N}^n$ ($\mathbb{N}$ interi non negativi)

$|k| = \sum_{j=1}^{n} k_j$, $\quad k! = \prod_{j=1}^{n} k_j!$

$x^k = \prod_{j=1}^{n} x_j^{k_j}$

$P(x) = \sum_{|k| \leq p} a_k x^k$, $\quad a_k \in \mathbb{C}$, $\quad p \in \mathbb{N}$

$D = (\partial_1, \ldots, \partial_n)$, $\quad \partial_j = \frac{1}{2\pi i} \frac{\partial}{\partial x_j}$

$P(D) = \sum_{|k| \leq p} a_k D^k$

$P(D)\delta \xrightarrow{\mathcal{F}} P(\xi)$, $\mathcal{F}$ trasformata di Fourier

$P^*(D)$ aggiunto di $P(D)$, cioè :

$\forall \ \varphi, \psi \in \mathcal{D}$: $(P(D)\varphi \mid \psi) = (\varphi \mid P^*(D)\psi)$, dove $(\mid)$ è il prodotto scalare in L^2, e $\mathcal{D}$ indica l'insieme delle funzioni definite su $\mathbb{R}^n$, indefinitamente differenziabili e a supporto compatto.

$P^*(D) = \bar{P}(D) = \sum_{|k| \leq p} \bar{a}_k D^k$

$$P^{(k)}(x) = \frac{\partial^{|k|} P(x)}{\partial x_1^{k_1} \dots \partial x_n^{k_n}} = (2i\pi)^{|k|} D^k P(x)$$

$\| \quad \|$ = norma in L^2

$(g \mid \varphi) = g(\bar{\varphi})$, per $g \in \mathcal{D}'$, $\varphi \in \mathcal{D}$, dove $\mathcal{D}'$ è il duale di $\mathcal{D}$.

$P(x,D) = \sum_{|k| \leq p} a_k(x) D^k$, operatore differenziale a coefficienti variabili che per semplicità supporremo indefinitamente differenziabili.

$P^*(x,D)$ = aggiunto di $P(x,D)$

p è il grado di $P(D)$ o $P(x,D)$, cioè non è $a_k = 0$, $\forall$ $|k| = p$; o $a_k(x) \equiv 0$, $\forall$ $|k| = p$.

$p(D) = \sum_{|k|=p} a_k D^k$, parte principale di $P(D)$

$p(x,D) = \sum_{|k|=p} a_k(x) D^k$, parte principale di $P(x,D)$.

Identità di Leibniz

(1) $$P(D)(f.g) = \sum_k \frac{1}{k!} P^{(k)}(D)f.D^k g$$

Verifichiamo la (1) per $f,g \in \mathcal{D}$. Essa verrà nel seguito usata anche per $f, g \notin \mathcal{D}$, ma si vedrà allora, volta per volta, che nei casi che interesseranno essa vale per estensione del caso qui considerato.

Essendo $f, g \in \mathcal{D}$ potremo allora usare, per la verifica della (1), la trasformata di Fourier classica con tutte le sue proprietà che si stabiliscono direttamente.

Avremo allora che, se

$$f \xrightarrow{\mathcal{F}} F$$

$$g \xrightarrow{\mathcal{F}} G ,$$

allora : $P(D)(f.g) \xrightarrow{\mathcal{F}} P(\xi).(F * G)(\xi).$

$$P(\xi)(F * G)(\xi) = \int P(\xi)F(\xi-\eta)G(\eta)d\eta =$$

$$= \int P(\xi-\eta+\eta)F(\xi-\eta)G(\eta)d\eta =$$

$$= \int (\sum_k \frac{1}{k!} P^{(k)}(\xi-\eta)\,\eta^k).F(\xi-\eta)G(\eta)d\eta =$$

$$= \sum_k \frac{1}{k!} \int P^{(k)}(\xi-\eta)F(\xi-\eta)\,\eta^k G(\eta)d\eta =$$

$$= \sum_k \frac{1}{k!} \left[P^{(k)}(\xi)F(\xi)\right] * \left[\xi^k G(\xi)\right] =$$

$$= \sum_k \frac{1}{k!} \left[\mathcal{F}(P^{(k)}(D)f)\right] * \left[\mathcal{F}(D^k g)\right] =$$

$$= \sum_k \frac{1}{k!} \mathcal{F}\left[P^{(k)}(D)f.D^k g\right] = \mathcal{F}\left[\sum_k \frac{1}{k!} P^{(k)}(D)f.D^k g\right]$$

e quindi, essendo $\mathcal{F}$ iniettiva, la (1).

B. Malgrange

CAPITOLO I

CONFRONTO DI OPERATORI DIFFERENZIALI

1. Una disuguaglianza per un problema di esistenza.

Consideriamo il seguente

Problema 1.1.

"Sia Ω un aperto di R^n, $P(x,D)$ un operatore differenziale a coefficienti variabili definiti su Ω, sotto quali condizioni si ha

(1.1) $$P(x,D)\, L^2(\Omega) \supset L^2(\Omega) ,$$

cioè sotto quali condizioni l'equazione :

(1.2) $$P(x,D)f = g$$

è risolubile in $L^2(\Omega)$ per ogni $g \in L^2(\Omega)$."

Osservazione 1.1.

La uguaglianza (1.2) va intesa nel senso delle distribuzioni, e cioè

(1.3) $$P(x,D)f = g \Leftrightarrow (f \mid P^*(x,D)\varphi) = (g \mid \varphi), \quad \forall \varphi \in \mathcal{D}(\Omega).$$

Dimostreremo il seguente :

Teorema 1.1.

"La (1.1) vale se e solo se $\exists$ una costante C, per cui

(1.4) $$\|\varphi\| \leq C \,\|P^*(x,D)\varphi\| , \quad \forall \varphi \in \mathcal{D}(\Omega)."$$

Dimostrazione

Cominciamo col far vedere che (1.4) $\Longrightarrow$ (1.1) : sia infatti $g \in L^2(\Omega)$, si tratta di trovare $f \in L^2(\Omega)$ per cui si verifichi (1.3).

Ricordando la rappresentazione dei funzionali lineari continui su $L^2(\Omega)$, si tratta di far vedere che esiste un funzionale antilineare continuo in $L^2(\Omega)$ (e basta definirlo in $\mathcal{D}(\Omega)$) il quale su $P^*(x,D)\,\mathcal{D}(\Omega)$ verifichi (1.3).

Indichiamo con $(f|\ )$ il funzionale cercato. Osserviamo che (1.3) definisce $(f|\ )$ su $P^*(x,D)\,\mathcal{D}(\Omega)$, infatti se $P^*(x,D)\varphi = 0 \Rightarrow \varphi = 0$ per la (1.4).

Resta quindi solo da far vedere che $(f|\ )$, così definito, è continuo su $P^*(x,D)\,\mathcal{D}(\Omega)$ (cfr. Teorema di Hahn-Banach) e questo è facile conseguenza della (1.4), infatti :

$$|(f|P^*(x,D)\varphi)| = |(g,\varphi)| \leq \|g\|\,\|\varphi\| \leq C\,\|g\|\cdot\|P^*(x,D)\varphi\|$$

e cioè :

$$|(f|P^*(x,D)\varphi)| \leq C'\,\|P^*(x,D)\varphi\|$$

da cui la continuità.

Mostriamo ora che (1.1) $\Longrightarrow$ (1.4) :
Per questo indichiamo con E l'insieme degli elementi $f \in L^2(\Omega)$ tali che $P(x,D)f \in L^2(\Omega)$. Abbiamo allora che (1.1) equivale a

$$(1.5) \qquad P(x,D)E = L^2(\Omega) .$$

E è ovviamente spazio lineare; su di esso consideriamo

la norma $|||\ \ |||$ definita da

$$(1.6)\qquad |||f|||^2 = \|f\|^2 + \|P(x,D)f\|^2 .$$

E' ovvio che con tale norma E risulta completo, cioè di Banach, e che l'applicazione

$$(1.7)\qquad P(x,D) : E \longrightarrow L^2(\Omega)$$
$$f \longrightarrow P(x,D)f$$

è lineare, continua e surgettiva.

Essendo E ed $L^2(\Omega)$ spazi di Banach, e la (1.7) una applicazione lineare continua e surgettiva, si ha, per un teorema di Banach, che $\exists$ C tale che

$$(1.8)\qquad \exists\ f \in E \text{ con } |||f||| \leq C \text{ e } P(x,D)f = g \text{ ; per ogni } g \in L^2(\Omega) \text{ con } \|g\| \leq 1.$$

Dalla (1.8) segue allora facilmente la (1.4), infatti:

$$\|\varphi\| = \sup_{\|g\| \leq 1} |(g|\varphi)| \leq \sup_{|||f||| \leq C} |(P(x,D)f|\varphi)| =$$
$$= \sup_{|||f||| \leq C} |(f|P^*(x,D)\varphi)| \leq \sup_{\|f\| \leq C} |(f|P^*(x,D)\varphi)| \leq$$
$$\leq \sup_{\|f\| \leq C} \|f\| \cdot \|P^*(x,D)\varphi\| = C\,\|P^*(x,D)\varphi\| .$$

c.v.d.

2. <u>Un teorema di esistenza per operatori a coefficienti costanti.</u>

Dimostreremo il seguente :

<u>Teorema 2.1.</u>

"<u>Sia</u> Ω <u>limitato e</u> P(D) <u>a coefficienti costanti, allora</u>

$$P(D)\, L^2(\Omega) \supset L^2(\Omega) \text{ ."} \tag{2.1}$$

<u>Dimostrazione</u>

Per il <u>Teorema 1.1.</u> si tratta di far vedere che $\exists$ C tale che valga

$$\|\varphi\| \leq C \, \|\bar{P}(D)\varphi\| \quad , \quad \forall \varphi \in \mathcal{D}(\Omega) . \tag{2.2}$$

Osserviamo che

$\|\bar{P}(D)\varphi\| = \|P(D)\varphi\|$, in quanto P(D) e $\bar{P}(D)$ commutano, e perciò la (2.2) può scriversi

$$\|\varphi\| \leq C \, \|P(D)\varphi\| \quad , \quad \forall \varphi \in \mathcal{D}(\Omega) . \tag{2.3}$$

Faremo vedere che $\exists$ C per cui vale

$$\|P'_1(D)\varphi\| \leq C \, \|P(D)\varphi\| , \quad \forall \varphi \in \mathcal{D}(\Omega) \tag{2.4}$$

dove $C = C(p,\Omega)$ dipende da Ω (precisamente dal diametro di Ω) e p (grado di P).

Provata la (2.4), se ne ricava, con lo stesso ragionamento

$$\|P'_i(D)\varphi\| \leq C \, \|P(D)\varphi\| \quad , \ \forall \varphi \in \mathcal{D}(\Omega) , \quad C = C(p,\Omega)$$

($P'_i(D)$ è l'operatore associato al polinomio $\dfrac{\partial P(\xi)}{\partial \xi_i}$) e quindi (disuguaglianza di Hörmander)

$$(2.5) \qquad \| P^{(k)}(D)\varphi \| \leq C \, \| P(D)\varphi \| , \quad \forall \; \varphi \in \mathcal{D}(\Omega)$$

dove $C = C(p, \Omega, k)$. E la (2.5) contiene in particolare la (2.3).

Si tratta quindi di provare la (2.4). Per questo osserviamo che dalla identità di Leibniz si ha

$$(2.6) \qquad P(D)(x_1\varphi) = x_1 P(D)\varphi + \frac{1}{2i\pi} P'_1(D)\varphi , \; \forall \; \varphi \in \mathcal{D}(\Omega).$$

Quindi :

$$P'_1(D)\varphi = 2i\pi . P(D)(x_1\varphi) - 2i\pi . x_1 P(D)\varphi$$

$$\|P'_1(D)\varphi\|^2 = 2i\pi (P(D)(x_1\varphi) | P'_1(D)\varphi) - 2i\pi (x_1 . P(D)\varphi | P'_1(D)\varphi) =$$

$$= 2i\pi (\bar{P}'_1(D)(x_1\varphi) | \bar{P}(D)\varphi) - \text{id.} = 2i\pi (x_1 \bar{P}'_1(D)\varphi | \bar{P}(D)\varphi) +$$

$$+ (\bar{P}''_{11}(D)\varphi | \bar{P}(D)\varphi) - \text{id.}$$

$$\|P'_1(D)\varphi\|^2 \leq c_1 \|\bar{P}'_1(D)\varphi\| . \|\bar{P}(D)\varphi\| + c_2 \|\bar{P}''_{11}(D)\varphi\| . \|\bar{P}(D)\varphi\| +$$

$$+ c_3 \|P(D)\varphi\| . \|P'_1(D)\varphi\| .$$

Quindi :

$$(2.7) \quad \|P'_1(D)\varphi\|^2 \leq c'_1 \|P(D)\varphi\| . \|P'_1(D)\varphi\| + c_2 \|P''_{11}(D)\varphi\| . \|P(D)\varphi\| ,$$

$$\forall \; \varphi \in \mathcal{D}(\Omega) ,$$

dove c'_1 dipende dal diametro di Ω , e precisamente da

$$\sup_{\Omega} |x_1| .$$

La (2.7) permette di provare la (2.4) per induzione su p . Infatti la (2.4) si ha che vale certamente per operatori di grado zero. Se d'altra parte essa vale per operatori di grado p-1, allora, essendo P(D) di grado p è $P'_1(D)$ di grado p-1 e quindi si ha

(2.8) $\|P''_{11}(D)\varphi\| \leq C_0 \|P'_1(D)\varphi\|$, $\forall\ \varphi \in \mathcal{D}(\Omega)$

con $C_0 = C(p-1,\Omega)$

Dalla (2.7) e (2.8) segue allora la (2.4).

c.v.d.

3. <u>Precisazioni sulla disuguaglianza di Hörmander per gli operatori differenziali a coefficienti costanti</u>.

Consideriamo la disugugaglianza

(3.1) $\|P^{(k)}(D)\varphi\| \leq C\ \|P(D)\varphi\|$, $\forall\ \varphi \in \mathcal{D}(\Omega)$;

provata nel paragrafo precedente per il caso di Ω limitato.

Abbiamo già osservato come C dipenda da p e k e da Ω. Vogliamo qui innanzitutto precisare quest'ultima dipendenza. Per questo, fissato Ω , essendo $\lambda \in R$, $\lambda > 0$, consideriamo l'aperto

$$\lambda\Omega = \{\lambda x\ ;\ x \in \Omega\} \quad .$$

Ci proponiamo di valutare $C(\lambda\Omega, p, k)$, mediante $C(\Omega, p, k)$.

Per questo osserviamo che, se $\varphi \in \mathcal{D}(\lambda\Omega)$, allora $\psi(x) = \varphi(\lambda x) \in \mathcal{D}(\Omega)$. D'altra parte valgono le

(3.2) $(P(D)\varphi)(\lambda x) = P(\frac{D}{\lambda})\, \psi(x)$

(3.3) $(P^{(k)}(D)\varphi)(\lambda x) = P^{(k)}(\frac{D}{\lambda})\, \psi(x)$,

inoltre, se indichiamo $Q(D) = P(\frac{D}{\lambda})$, si ha

(3.4) $Q^{(k)}(D) = \frac{1}{\lambda^{|k|}} \cdot P^{(k)}(\frac{D}{\lambda})$.

Quindi, scrivendo per Q(D) la disuguaglianza di Hörm.,

(3.5) $\| Q^{(k)}(D)\psi \| \leq C(\Omega, p, k)\ \| Q(D)\psi \|, \qquad \psi \in \mathcal{D}(\Omega)$

ne segue :

$$\frac{1}{\lambda^{|k|}} \| P^{(k)}(D)\varphi \| \leq C(\Omega, p, k)\ \| P(D)\varphi \|, \ \forall\, \varphi \in \mathcal{D}(\lambda\Omega)$$

da cui, la disuguaglianza di Hörmander vale in $\mathcal{D}(\lambda\Omega)$ con $C(\lambda\Omega, p, k)$ verificante

(3.6) $C(\lambda\Omega, p, k) \leq \lambda^{|k|} C(\Omega, p, k)$.

Possiamo quindi affermare che vale la seguente :

<u>Proposizione 3.1.</u>

"<u>Se</u> $C(\Omega, p, k)$ <u>è la migliore costante per cui vale la</u> (3.1), <u>allora</u> $C(\Omega, p, k)$ <u>tende a zero per diam</u> $\Omega \to 0$."

Proveremo ora la seguente :

<u>Proposizione 3.2.</u>

"<u>Vale la</u>

(3.7) $\| e^{2i\pi\langle a,x\rangle} P^{(k)}(D)\varphi \| \leq C(\Omega, p, k) . \| e^{2i\pi\langle a,x\rangle} P(D)\varphi \|$

$$\forall\, a \in \mathbb{C},\ \forall\, \varphi \in \mathcal{D}(\Omega) ."$$

Dimostrazione

Dalla identità di Leibniz si ha

(3.8) $$P(D)(e^{2i\pi\langle a,x\rangle}\varphi) = \left\{\sum_k \frac{1}{k!}\, a^k\, P^{(k)}(D)\varphi\right\}.\ e^{2i\pi\langle a,x\rangle} = e^{2i\pi\langle a,x\rangle}\, P(D+a)\varphi .$$

Applicando allora la (3.1) all'operatore P(D-a) e alla funzione $e^{2i\pi\langle a,x\rangle}\varphi\in\mathcal{D}(\Omega)$ (se $\varphi\in\mathcal{D}(\Omega)$), e tenendo presente la (3.8) (che vale anche per $P^{(k)}(D)$ in luogo di P(D)), ne segue la (3.7).

c.v.d.

4. Supporto delle soluzioni di equazioni differenziali.

Osserviamo innanzitutto che, dalla (3.1), per continuità, vale :

(4.1) $$\left\|P^{(k)}(D)\varphi\right\| \leq C\left\|P(D)\varphi\right\|, \quad \forall\ \varphi\in\mathcal{D}^p(\Omega) ;$$

dove $\mathcal{D}^p(\Omega)$ indica lo spazio delle funzioni continue con le loro derivate fino all'ordine p e a supporto compatto contenuto in Ω .

Dimostreremo allora il seguente :

Teorema 4.1.

"Sia $f\in C^p$ e tale che valga :

(4.2) $$\left|P(D)f(x)\right| \leq C(x)\sum_{|k|\geq 1}\left|P^{(k)}(D)f(x)\right|$$ (1)

(1) Una disuguaglianza come la (4.2) vale per le f che sono solu- ./.

<u>con</u> $C(x)$ <u>limitata su ogni compatto contenuto in</u> Ω.

<u>Sia</u> Γ <u>un insieme convesso e chiuso contenente il supporto di</u> f.

<u>Allora, per ogni</u> $a \in \Omega$, <u>punto estremale di</u> Γ, <u>esiste un intorno di</u> a <u>in cui</u> $f \equiv 0$."

<u>Dimostrazione</u>

Per comodità poniamo che $a \equiv 0$ (origine) e che sia il piano $x_1 = 0$ a separare a da Γ, cioè sia $\Gamma \cap \{x;\ x_1 = 0\} = \{a\}$, $\Gamma \cap \{x;\ x_1 < 0\} = \emptyset$.

Ricordiamo allora che per proprietà degli insiemi convessi si ha, posto $\Gamma_\varepsilon = \left\{ x \in \Gamma \ ;\ x_1 < \varepsilon \right\}$:

$$(4.3) \qquad \Gamma_\varepsilon \twoheadrightarrow a \qquad \text{per} \quad \varepsilon \to 0 ,$$

quindi in particolare

$$(4.4) \qquad \operatorname{diam} \Gamma_\varepsilon \to 0 \qquad \text{per} \quad \varepsilon \to 0 .$$

Indichiamo, fissato $\varepsilon > 0$, con α una funzione $\in C^\infty(R)$ per cui valga:

$$(4.5) \qquad \alpha(x_1) = \begin{cases} 1 & \text{per} \quad x_1 < \varepsilon \\ 0 & \text{per} \quad x_1 > 2\varepsilon \end{cases} , \qquad |\alpha| \leq 1 .$$

Per la (4.3), se ε è sufficientemente piccolo $\alpha . f \in \mathcal{D}^p(\Gamma_{2\varepsilon})$. Allora applicando la (3.7) (anch'essa estensibile a $\mathcal{D}^p(\Gamma_{2\varepsilon}^{2\varepsilon})$) ad $a = (-\frac{\lambda}{2i\pi}, 0, .., 0)$ e $\varphi = \alpha . f$, si ha

---

zioni di una equazione
$P(D)f + \sum_{|k| \geq 1} a_k(x) P^{(k)}(D)f = 0$, con $a_k(x)$ continui (o localm. L^∞).

$$(4.6)\qquad \left\| e^{-\lambda x_1} P^{(k)}(D)(\alpha f) \right\| \leq C \left\| e^{-\lambda x_1} P(D)(\alpha f) \right\|, \quad \forall k$$

D'altra parte è :

$$\left\| e^{-\lambda x_1} P(D)(\alpha f) \right\|^2 = \int_{x_1<\varepsilon} e^{-2\lambda x_1} \dots \int |P(D)(f)|^2 dx + \int_{x_1>\varepsilon} e^{-2\lambda x_1} \dots \int |P(D)\alpha f|^2 dx$$

Inoltre dalla (4.2) si ricava :

$$(4.7)\qquad \int_{x_1<\varepsilon} e^{-2\lambda x_1} \dots \int |P(D)f|^2 dx \leq C'' \int_{x_1<\varepsilon} e^{-2\lambda x_1} \dots \int \sum_{|k|\geqslant 1} |P^{(k)}(D)f|^2 dx$$

Quindi, dalle (4.6) e (4.7), si ha :

$$(4.8)\qquad \sum_{|k|\geqslant 1} \left\| e^{-\lambda x_1} P^{(k)}(D)(\alpha f) \right\|^2 \leq$$

$$\leq C_o . C'' . C^2 \int_{x_1<\varepsilon} e^{-2\lambda x_1} \dots \int \sum_{|k|\geqslant 1} |P^{(k)}(D)f|^2 dx +$$

$$+ C_o C^2 \int_{x_1>\varepsilon} e^{-2\lambda x_1} \dots \int |P(D)(\alpha f)|^2 dx \quad , \quad \text{con } C_o \text{ costante.}$$

Se ε è sufficientemente piccolo può supporsi $C_o C''.C^2 < 1$ (cfr.(4.4)). Allora, dalla (4.8) si ricava :

$$(4.9)\qquad \int_{x_1<\varepsilon} e^{-2\lambda x_1} \dots \int \sum_{|k|\geqslant 1} |P^{(k)}(D)f|^2 dx \leq C''' \int_{x_1>\varepsilon} e^{-2\lambda x_1} \dots \int |P(D)(\alpha f)|^2 dx, \lambda$$

e C''' non dipende da λ . Quindi :

$$(4.10)\qquad \int_{x_1<\varepsilon} e^{-2\lambda x_1} \dots \int \sum_{|k|\geqslant 1} |P^{(k)}(D)f|^2 dx \leq C'_o . C''' e^{-2\lambda\varepsilon} \quad , \forall \lambda > 0$$

dove $C'_o = \int_{x_1>\varepsilon} \dots \int |P(D)(\alpha f)|^2 dx$, è indipendente da λ .

Dalla (4.10) segue allora :

$$\int_{x_1<\varepsilon} e^{2(\varepsilon - x_1)\lambda} \dots \int \sum_{|k|\geqslant 1} |P^{(k)}(D)f|^2 dx \leq C'_o . C''' \quad , \quad \forall \lambda > 0$$

$$(4.11) \quad e^{\lambda\varepsilon} \int_{x_1<\frac{\varepsilon}{2}} \cdots \int \sum_{|k|\geq 1} \left|P^{(k)}(D)f\right|^2 dx \leq C''' . C'_0 \ , \ \forall \ \lambda>0$$

Perciò deve essere :

$$\int_{x_1<\frac{\varepsilon}{2}} \cdots \int \sum_{|k|\geq 1} \left|P^{(k)}(D)f\right|^2 dx = 0$$

, da cui in particolare l'asserto.

c.v.d.

Dal teorema ora dimostrato segue facilmente il

<u>Corollario 4.1.</u> (Teorema dei supporti)

" $\forall \ \varphi \in \mathcal{D}^p(R^n)$ <u>si ha</u>

$$(4.12) \quad \text{inv.conv.supp.}\ \varphi = \text{inv.conv.supp.}\ P(D)\varphi \ ."$$

<u>Dimostrazione</u>

Essendo ovvia nella (4.12) la inclusione " $\supset$ " resta da provare che " $\supset$ " non è un'inclusione stretta. Per questo procediamo per assurdo, cioè supponiamo che la " $\supset$ " valga in senso stretto. Allora esiste un punto estremale a di inv.conv.supp. φ che non appartiene ad inv.conv.supp. $P(D)\varphi$ quindi neanche a supp. $P(D)\varphi$.[1]

Quindi $\exists$ una sfera di centro a , che indichiamo con Ω, in cui $P(D)\varphi \equiv 0$.

Allora, in Ω, φ verifica senz'altro la (4.2).

Dal <u>Teorema 4.1.</u>, applicato a φ , Ω , al punto a ed al convesso

---

(1) Ricordiamo che due insiemi convessi compatti coincidono se e solo se hanno gli stessi punti estremali.

Γ = inv.conv.supp. φ, si ricava che φ è nulla in un intorno di a ; ma questo è assurdo essendo a punto estremale di invil.con. supp. φ , quindi di supp. φ , quindi a $\in$ supp. φ .

Ne segue l'asserto.

c.v.d.[(1)]

Sempre come conseguenza del Teorema 4.1. diamo il

Corollario 4.2.

"Se f $\in C^2$ e verifica

$$(4.13)\quad |\Delta f(x)| \leq C' \left\{ \sum_{j=1}^{n} \left|\frac{\partial f}{\partial x_j}(x)\right| + |f(x)| \right\}, \quad \forall\, x \in \Omega$$

dove Ω è un aperto connesso di R^n, ed è, in un intorno di un punto di Ω, f $\equiv$ 0 , allora f $\equiv$ 0 su Ω ."

Dimostrazione

Supponendo, per comodità, che f sia nulla intorno all'origine, consideriamo la trasformazione

$$x \longrightarrow \frac{x}{r^2} \quad , \quad r = |x|$$

e la nuova funzione

$$\tilde{f}(x) = \frac{1}{r^{n-2}} \, f(x/r^2) \quad .$$

Poichè è $\Delta\tilde{f} = \frac{1}{r^4}\, \widetilde{\Delta f}$, $\tilde{f} \in C^2$, anzi $\tilde{f} \in \mathcal{D}^2(\tilde{\Omega})$

dove $\tilde{\Omega}$ è il trasformato di Ω , e poichè anche f verifica una disuguaglianza del tipo (4.13), si può vedere, applicando ad essa il Teorema 4.1., che f è nulla in insieme aperto e chiuso, al

(1) Per regolarizzazione si mostra facilmente che il risultato precedente è ancora vero per $\varphi \in \mathcal{E}'(R^n)$.

tempo stesso, di $\tilde{\Omega}$ (ovviamente non vuoto), d'altra parte, essendo $\tilde{\Omega}$, come Ω, connesso, ne segue $\tilde{f} \equiv 0$ su $\tilde{\Omega}$ e quindi $f \equiv 0$ su Ω.

c.v.d.

<u>Osservazione 4.1.</u>

Il <u>Corollario 4.2.</u> è banale per le funzioni armoniche (poichè esse sono analitiche). Esso si applica più in generale alle soluzioni dell'equazione

$$\Delta f = \sum_i a_i(x) \frac{\partial f}{\partial x_i} + b(x)f .$$

Con gli $a_i(x)$, $b(x)$ continui (o anche localmente L^∞).

5. Confronto di operatori differenziali.

A) Operatori differenziali a coefficienti costanti.

Cominciamo col dimostrare la seguente

<u>Proposizione 5.1.</u>

"Dati $Q(D)$ e $P(D)$ per i quali valga

$$|Q(\xi)|^2 \leq C' \sum_k |P^{(k)}(\xi)|^2, \quad \forall \ \xi \in R^n, \tag{5.1}$$

allora, per ogni aperto limitato $\Omega \subset R^n$, $\exists$ C tale che

$$\| Q(D)\varphi \| \leq C \; \| P(D)\varphi \| \quad , \quad \forall \ \varphi \in \mathcal{D}(\Omega)." \tag{5.2}$$

<u>Dimostrazione</u>

Essendo $Q(D)\varphi \xrightarrow{\mathcal{F}} Q(\xi)\,\phi(\xi)$, dove $\varphi \xrightarrow{\mathcal{F}} \phi$, si ha per la formula di Plancherel

(5.3) $$\| Q(D)\varphi \|^2 = \int |Q(\xi)|^2 \, |\phi(\xi)|^2 \, d\xi \, .$$

D'altra parte, dalla (5.1), segue :

(5.4) $$\int |Q(\xi)|^2 \, |\phi(\xi)|^2 d\xi \leq C' \sum_k \int |P^{(k)}(\xi)|^2 \, |\phi(\xi)|^2 d\xi = \\ = C' \sum_k \| P^{(k)}(D)\varphi \|^2 \, .$$

D'altra parte, essendo Ω limitato, esiste C per cui

(5.5) $$\sum_k \| P^{(k)}(D)\varphi \|^2 \leq C \, \| P(D)\varphi \|^2 \, , \quad \forall \; \varphi \in \mathcal{D}(\Omega) \, .$$

Allora dalle (5.3), (5.4), (5.5) segue l'asserto.

c.v.d.

Come applicazione della <u>Prop. 5.1.</u> mostriamo i seguenti:

<u>Corollario 5.1.</u>

"<u>L'operatore di Laplace</u>, Δ , <u>maggiora, nel senso che vale la (5.2) per ogni</u> Ω <u>aperto limitato di</u> R^n, <u>tutti gli operatori di ordine</u> $\leq$ 2."

<u>Dimostrazione</u>

Si tratta di far vedere che, essendo Q un $\forall$ operatore di ordine $\leq$ 2, vale per Q e $P(D) = \Delta$ la (5.1), cioè esiste C' per cui

(5.6) $$|Q(\xi)|^2 \leq C' \left\{ \left(\sum_{j=1}^{n} \xi_j^2\right)^2 + \sum_{j=1}^{n} \xi_j^2 + 1 \right\} .$$

Questo fatto è ovvio, se $Q(\xi)$ è un $\forall$ polinomio di grado ≤ 2 , quindi si ha, per la <u>Prop.5.1.</u> l'asserto.

c.v.d.

Osservazione 5.1.

Poichè nella maggiorazione (5.6) quello che conta, al secondo membro, è il termine $\left\{(\sum_{j=1}^{n} \xi_j^2)^2 + 1\right\}$, possiamo affermare che il Corollario 5.1. vale per ogni operatore ellittico, in luogo di Δ. Più precisamente si ha :

Corollario 5.2.

"Se P(D) è operatore ellittico di grado 2m, allora esso maggiora, nel senso della (5.2), tutti gli operatori differenziali di grado $\leq$ 2m".

Si ha ancora un altro interessante

Corollario 5.3.

"L'operatore del calore, cioè l'operatore associato al polinomio

$$P(\xi, \tau) = |\xi|^2 + i\tau$$

maggiora tutti gli operatori differenziali di secondo grado nelle variabili spaziali, e di primo nella variabile temporale. In particolare esso maggiora tutti gli operatori di grado 1."

Dimostrazione

Si riduce a verificare la

$$|Q(\xi, \tau)|^2 \leq C' \left\{ \left| \sum_{j=1}^{n} \xi_j^2 + i\tau \right|^2 + \sum_{j=1}^{n} \xi_j^2 + 1 \right\},$$

ovvia per i $Q(\xi, \tau)$ precisati nell'enunciato.

c.v.d.

Dimostriamo ora il seguente :

Teorema 5.1.

"Dati P e Q, sono condizioni equivalenti le :

1) $\exists\ C' : |Q(\xi)|^2 \le C' \sum_k |P^{(k)}(\xi)|^2, \quad \forall\ \xi \in R^n$

2) $\exists\ \Omega \subset R^n$ e $C : \|Q(D)\varphi\| \le C\ \|P(D)\varphi\|, \forall\ \varphi \in \mathcal{D}(\Omega)$

3) $\forall\,\Omega$ limitato, $\exists\ C : \|Q(D)\varphi\| \le C\ \|P(D)\varphi\|, \forall\ \varphi \in \mathcal{D}(\Omega)$."

<u>Dimostrazione</u>

Che 1) $\Rightarrow$ 3) è stato visto nella <u>Prop.5.1.</u> E' ovvio d'altra parte che 3) $\Rightarrow$ 2).

Resta da verificare che 2) $\Rightarrow$ 1).

Sia Ω l'aperto per cui vale 2) e sia $\psi \in \mathcal{D}(\Omega)$ fissata e $\psi \not\equiv 0$.

Si ha che

$$\varphi(x) = e^{2i\pi<\xi,x>}\psi(x) \in \mathcal{D}(\Omega), \quad \forall\ \xi \in R^n .$$

Applicando l'identità di Leibniz si ha :

$$Q(D)\left[e^{2i\pi<\xi,x>}\psi(x)\right] = e^{2i\pi<\xi,x>}\sum_k \frac{1}{k!}\, Q^{(k)}(\xi) D^k\psi(x)$$

Quindi :

$$\left\| Q(D)\left[e^{2i\pi<\xi,x>}\psi(x)\right]\right\|^2 = \tag{5.7}$$

$$= \sum_{k,l} \frac{1}{k!}\,\frac{1}{l!}\, Q^{(k)}(\xi)\,\overline{Q^{(l)}(\xi)}\,(D^k\psi\,|\,D^l\psi).$$

Dalla (5.7) e da una analoga per P(D), e dalla 2) segue:

$$\sum_{k,l} \frac{1}{k!l!} Q^{(k)}(\xi)\,\overline{Q^{(l)}(\xi)}(D^k\psi|D^l\psi) \le \tag{5.8}$$

$$\le C^2 \sum_{k,l} \frac{1}{k!l!} P^{(k)}(\xi)\,\overline{P^{(l)}(\xi)}(D^k\psi|D^l\psi) .$$

Introduciamo ora le variabili ausiliarie λ_k per ogni k per cui $P^{(k)}(\xi) \not\equiv 0$ (quindi in numero finito). Avremo allora che la forma quadratica :

$$\sum_{k!l!} \frac{1}{k!l!} (D^k \psi | D^l \psi) \lambda_k \bar{\lambda}_l$$

è definita positiva, infatti si ha :

$$(5.9) \quad \sum_{k,l} \frac{1}{k!l!} (D^k \psi | D^l \psi) \lambda_k \bar{\lambda}_l = \left\| \sum_k \frac{1}{k!} D^k \psi . \lambda_k \right\|^2 \geqslant 0.$$

D'altra parte, se

$$R(D)\psi = \sum_k \frac{1}{k!} . D^k \psi . \lambda_k \equiv 0$$

si ha, per trasformata di Fourier,

$R(\xi)\mathcal{F}\psi \equiv 0$, e poichè $\mathcal{F}\psi$ è olomorfa (cfr. Paley-Wiener) e $R(\xi)$ è un polinomio. Non potendo essere $\mathcal{F}\psi \equiv 0$, poichè è $\psi \not\equiv 0$, ne risulterebbe $R(\xi) \equiv 0$, $R(\xi) \equiv 0 \Longleftrightarrow \lambda_k = 0 \ \forall k$. Quindi la forma è definita.

Allora valgono le disuguaglianze

$$(5.10) \quad \left| \sum_{k,l} \frac{1}{k!l!} (D^k \psi | D^l \psi) \lambda_k \bar{\lambda}_l \right| \geqslant \gamma \sum_k |\lambda_k|^2$$

$$(5.11) \quad \left| \sum_{k,l} \frac{1}{k!l!} (D^k \psi | D^l \psi) \lambda_k \bar{\lambda}_l \right| \leq \Gamma \sum_k |\lambda_k|^2$$

dove γ e Γ sono costanti positive.

Dalla (5.8),(5.10),(5.11) segue allora :

$$(5.12) \quad \gamma \sum_k |Q^{(k)}(\xi)|^2 \leq \Gamma \sum_k |P^{(k)}(\xi)|^2$$

da cui in particolare la 1).

c.v.d.

Porremo allora la seguente

Definizione 5.1.

"Diremo che P(D) maggiora Q(D) se vale la 3)" (o in maniera equivalente le 1) e 2)).

Osservazione 5.2.

Ovviamente quella introdotta è una relazione d'ordine per operatori differenziali a coefficienti costanti.

Abbiamo visto che gli operatori ellittici maggiorano tutti quelli di grado non superiore al loro. Vedremo ora che questa proprietà li caratterizza, cioè vale il seguente :

Teorema 5.2.

"P(D), di grado $p = 2m$, è ellittico se e solo se maggiora tutti gli operatori Q(D) di grado non superiore a 2m."

Dimostrazione

Per quanto già visto si tratta qui di provare solo che : se P(D) maggiora tutti gli operatori di grado non superiore a 2m allora esso è ellittico.

Questo fatto è d'altra parte ovvio, infatti P(D) dovendo maggiorare Δ_{2m} , ovvero l'operatore associato al polinomio $Q(\xi) = |\xi|^{2m}$, dovrà esistere C tale che : $(|\xi|^{2m})^2 \leq C\,|P(\xi)|^2$ quindi $|\xi|^{2m} \leq C^{1/2}\,|P(\xi)|$. (5.13)

Dalla (5.13) si ha allora che, se scriviamo

$$P(\xi) = p(\xi) + R(\xi)$$

dove $p(\xi)$ è la parte di grado 2m, ne segue che grado $R(\xi) < 2m$, per cui $|R(\xi)| \cdot |\xi|^{-2m} \longrightarrow 0$ per $|\xi| \to \infty$, allora esiste $\rho > 0$ per cui :

(5.14) $$c' |p(\xi)| \geq |\xi|^{2m} , \quad |\xi| > \rho$$

con c' costante, $c' = c^{1/2} + \varepsilon$.

Ma poichè $p(\xi)$ e $|\xi|^{2m}$ sono polinomi omogenei dello stesso grado la (5.14) vale per $\forall \xi$, cioè si ha

(5.15) $$c' |p(\xi)| \geq |\xi|^{2m} , \quad \forall \xi$$

che è esattamente la ellitticità di P(D).

c.v.d.

Abbiamo visto che l'operatore del calore maggiora tutti gli operatori di grado strettamente inferiore al suo. Ci poniamo allora il seguente :

Problema 5.1.

"Caratterizzare gli operatori che maggiorano tutti quelli di grado strettamente inferiore al proprio."

Di questo problema diamo una soluzione parziale nel teorema seguente, nel quale consideriamo il caso di operatori omogenei, cioè operatori p(D) per i quali il polinomio $p(\xi)$ è omogeneo.

Teorema 5.3.

"p(D) maggiora tutti gli operatori di grado strettamente inferiore se e solo se vale :

(5.16) $$\frac{\partial p}{\partial \xi_j}(\xi) = 0 , \ (j = 1,2,\ldots,n) \Leftrightarrow \xi = 0 ."$$

Prima di dimostrare il Teorema 5.3. osserviamo che la condizione (5.16) significa geometricamente che le caratteristiche reali di p(D) sono semplici al di fuori dell'origine.

Dimostrazione del Teorema 5.3.

a) Cominciamo col far vedere che se p(D) maggiora tutti gli operatori, di grado strettamente inferiore al suo, allora vale la (5.16).

Infatti esiste C tale che vale

$$(5.17)\qquad |\xi|^{2p-2} \leq C\Big\{ |p(\xi)|^2 + \sum_{|l|\geq 1} |p^{(l)}(\xi)|^2 \Big., \quad \forall\, \xi \in R^n.$$

e quindi $\exists\ \rho > 0$ tale che

$$(5.18)\qquad |\xi|^{2p-2} \leq C\Big\{ |p(\xi)| + \sum_{j=1}^{n} \Big|\frac{\partial p}{\partial \xi_j}(\xi)\Big|^2 \Big\}, \quad \forall\, |\xi| > \rho$$

(C diversa dalla precedente).

Ora osserviamo che se per $\xi \neq 0$ fosse $\frac{\partial p}{\partial \xi_j}(\xi) = 0$, $(j = 1,2,\ldots,n)$, allora, data la omogeneità dei polinomi $\frac{\partial p}{\partial \xi_j}$, lo stesso avverrebbe su tutta la retta per ξ e 0 . Cioè se esiste $\xi \neq 0$ per cui vale $\frac{\partial p}{\partial \xi_j}(\xi) = 0$, $(j = 1,2,\ldots,n)$, allora potremo supporre $|\xi| > \rho$. D'altra parte se per ξ si ha $\frac{\partial p}{\partial \xi_j}(\xi) = 0$, $j = 1,2,\ldots,n$, allora anche

$$p(\xi) = p \sum_{j=1}^{n} \xi_j \frac{\partial p}{\partial \xi_j}(\xi) = 0,$$

e quindi non varrebbe la (5.18), se tale $|\xi| > \rho$. Ne segue che se vale la (5.18) non può esserci $\xi \neq 0$ per cui $\frac{\partial p}{\partial \xi_j}(\xi) = 0$, $j = 1,2,\ldots,n$. Quindi vale (5.16).

b) Supponiamo che valga la (5.16). Allora $\sum_{j=1}^{n} \left| \frac{\partial p}{\partial \xi_j}(\xi) \right|^2$, che è polinomio omogeneo di grado 2p-2, risulta avere valori > 0 per $\xi \neq 0$, quindi $\exists$ C tale che valga

$$(5.19) \qquad |\xi|^{2p-2} \leq C \sum_{j=1}^{n} \left| \frac{\partial p}{\partial \xi_j}(\xi) \right|^2 , \quad \forall \xi$$

Quindi a fortiori

$$(5.20) \qquad |\xi|^{2p-2} \leq C \sum_{l} |p^{(l)}(\xi)|^2 , \quad \forall \xi$$

Dalla (5.20) segue allora facilmente :

$$(5.21) \qquad |\xi^k|^2 \leq C \sum_{l} |p^{(l)}(\xi)|^2 ; \ \forall k, (|k| \leq p-1); \ \forall \xi .$$

E perciò p(D) maggiora tutte le derivate D^k con $|k| < p$, quindi tutte gli operatori di grado $< p$.

c.v.d.

Poniamo ora la seguente :

<u>Definizione 5.1.</u>

"<u>Diremo che un operatore differenziale omogeneo</u> p(D) <u>è di tipo principale se le sue caratteristiche reali sono semplici fuori dell'origine</u>."

Possiamo allora dare al <u>Teorema 5.3.</u> il seguente :

<u>Nuovo enunciato del Teorema 5.3.</u>

"<u>Gli operatori differenziali a coefficienti costanti omogenei che maggiorano tutti quelli di grado strettamente inferiore sono tutti e soli quelli di tipo principale</u>."

Torniamo ora a considerare il <u>Problema 5.1.</u> nel caso generale. Per questo poniamo la seguente :

Definizione 5.2.

"Diremo P(D) di tipo principale se la sua parte principale p(D) è di tipo principale."

Vale allora il seguente

Teorema 5.4.

"Se P(D) è di tipo principale allora esso maggiora tutti gli operatori differnziali di grado strettamente inferiore al suo."

Dimostrazione

Sia $P(\xi) = p(\xi) + R(\xi)$. Per l'ipotesi, esiste C :

$$|\xi|^{2p-2} \leq C \sum_{j=1}^{n} \left|\frac{\partial p}{\partial \xi_j}(\xi)\right|^2 , \forall \xi . \tag{5.19}$$

Sia $\varepsilon > 0$ tale che $\varepsilon < \frac{C}{2}$, possiamo determinare $\rho > 0$ tale che

$$\sum_{j=1}^{n} \left|\frac{\partial R}{\partial \xi_j}(\xi)\right|^2 \leq \varepsilon |\xi|^{2p-2} , \quad |\xi| > \rho \tag{5.22.}$$

essendo le $\frac{\partial R}{\partial \xi_j}$ di grado $\leq$ p-2.

D'altra parte poichè per ogni j è

$$\frac{\partial P}{\partial \xi_j}(\xi) = \frac{\partial p}{\partial \xi_j}(\xi) + \frac{\partial R}{\partial \xi_j}(\xi) , \forall \xi , \forall j$$

si ha :

$$\left|\frac{\partial P}{\partial \xi_j}(\xi)\right|^2 \geq \frac{1}{2}\left|\frac{\partial p}{\partial \xi_j}(\xi)\right|^2 - \left|\frac{\partial R}{\partial \xi_j}(\xi)\right|^2 , \forall \xi , \forall j$$

$$\sum_{j=1}^{n} \left|\frac{\partial P}{\partial \xi_j}(\xi)\right|^2 \geq \frac{1}{2}\sum_{j=1}^{n}\left|\frac{\partial p}{\partial \xi_j}(\xi)\right|^2 - \sum_{j=1}^{n}\left|\frac{\partial R}{\partial \xi_j}(\xi)\right|^2 , \forall \xi \tag{5.23}$$

quindi dalle (5.19), (5.22), (5.23) segue :

$$c\sum_{j=1}^{n}\left|\frac{\partial P}{\partial \xi_j}(\xi)\right|^2 \geq \frac{1}{2} c\,|\xi|^{2p-2} - \varepsilon\,|\xi|^{2p-2}, \quad \forall\,|\xi| > \rho \tag{5.24}$$

$$\frac{2c}{c-2\varepsilon}\sum_{j=1}^{n}\left|\frac{\partial P}{\partial \xi_j}(\xi)\right|^2 \geq |\xi|^{2p-2}, \quad \forall\,|\xi| > \rho \tag{5.25}$$

$$c'\sum_{k}\left|P^{(k)}(\xi)\right|^2 \geq |\xi|^{2p-2}, \quad \forall\,\xi \tag{5.26}$$

c.v.d.

Osservazione 5.3.

L'essere di tipo principale non è (in generale) condizione necessaria perchè un operatore P(D) maggiori tutti quelli di grado inferiore; infatti l'operatore del calore non è di tipo principale, d'altra parte esso maggiora tutti quelli di grado inferiore.

B) Operatori differenziali a coefficienti variabili.

Abbiamo visto nel § 1 come un problema di esistenza per P(x,D) in $L^2(\Omega)$ si riconduca alla disuguaglianza

$$\|\varphi\| \leq c\,\|P^*(x,D)\varphi\|, \quad \forall\ \varphi \in \mathcal{D}(\Omega),$$

e quindi,possiamo dire, al fatto che $P^*(x,D)$ "maggiori" l'operatore identità.

Ci interesseremo quindi delle disuguaglianze fra operatori, nel senso precisato per il caso dei coefficienti costanti, anche nel caso generale dei coefficienti variabili.

Per questo poniamo la seguente :

Definizione 5.3.

"Diremo che l'operatore $P(x,D)$, definito su Ω, è di tipo principale su Ω se è di tipo principale l'operatore a coefficienti costanti

$$P_x(D) = P(x,D) \quad , \forall \; x \in \Omega \text{ ."}$$

Possiamo allora enunciare e provare il seguente

Teorema 5.5.

"Sia $P(x,D)$ definito su Ω a coefficienti C^∞, di tipo principale, la cui parte principale sia reale[1]. Allora, per ogni $a \in \Omega$ esiste un aperto $\mathcal{O}_a \ni a$, $\mathcal{O}_a \subset \Omega$, ed una C :

$$(5.27) \quad \sum_{|k| \leq p-1} \| D^k \varphi \| \leq C \| P(x,D) \varphi \| \quad , \forall \; \varphi \in \mathcal{D}(\mathcal{O}_a) \text{ ."}$$

Prima di fare la dimostrazione facciamo alcune precisazioni :

1°) indicheremo con

$$\| \varphi \|_m = \sum_{|k|=m} \| D^k \varphi \|$$

2°) ricordiamo che per ogni Ω ed m esiste C :

$$\| \varphi \|_{m-1} \leq C \| \varphi \|_m \quad , \quad \forall \; \varphi \in \mathcal{D}(\Omega)$$

con $C \to 0$ per $\operatorname{diam} \Omega \to 0$.

3°) che, quindi, provare la (5.27) equivale a provare

$$(5.28) \quad \| \varphi \|_{p-1} \leq C \| P(x,D) \varphi \| \quad , \quad \forall \; \varphi \in \mathcal{D}(\mathcal{O}_a) \text{ .}$$

---

(1) Cioè $\bar{p}(x,\xi) = p(x,\xi)$.

4°) Indicheremo con ε una quantità infinitesima (in dipendenza di una variabile che preciseremo) e con C una generica costante.

Dimostrazione del Teorema 5.5.

Verrà fatta in due parti :

I) Proveremo che $\exists\ \mathcal{O}_a$ e C :

$$(5.29)\quad \|\varphi\|_{p-1} \leq C \sum_{|k|=1} \|P^{(k)}(x,D)\varphi\| \quad , \quad \forall\ \varphi \in \mathcal{D}(\mathcal{O}_a).$$

II) $\exists$ C ed ε , dipendenti da $\mathcal{O}_a$, con $\varepsilon \to 0$ per diam $\mathcal{O}_a \to 0$, tali che

$$(5.30)\quad \sum_{|k|=1} \|P^{(k)}(x,D)\varphi\|^2 \leq C\|P(x,D)\varphi\|^2 + \varepsilon\|\varphi\|^2_{p-1} \ , \quad \forall\ \varphi \in \mathcal{D}(\mathcal{O}_a)$$

Dalle (5.29) e (5.30) discende poi ovviamente (5.28).

I) Dimostrazione della (5.29)

Essendo p(a,D) di tipo principale, $\exists$ C :

$$|\xi|^{2p-2} \leq C \sum_{|k|=1} |p^{(k)}(a,\xi)|^2 \ , \quad \forall\ \xi \in R^n$$

Da questa e dalla formula di Plancherel si ha

$$\|\varphi\|_{p-1} \leq C \sum_{|k|=1} \|p^{(k)}(a,D)\varphi\| , \quad \forall\ \varphi \in \mathcal{D}(\Omega).$$

D'altra parte scrivendo

$$P(a,D) = p(a,D) + Q(D)$$

si ha grado Q(D) < p .

$$P^{(k)}(a,D) = p^{(k)}(a,D) + Q^{(k)}(D) \quad , \quad \forall\ k$$

$$\|P^{(k)}(a,D)\| \leq \| P^{(k)}(a,D)\varphi\| + \|Q^{(k)}(D)\varphi\|, \ \forall\ k,\ \forall\ \varphi \in \mathcal{D}$$

$$\|\varphi\|_{p-1} \leq C \sum_{|k|=1} \|P^{(k)}(a,D)\varphi\| + C \sum_{|k|=1} \|Q^{(k)}(D)\varphi\|, \ \forall \varphi \in \mathcal{D}(\Omega)$$

D'altra parte è :

$$\sum_{|k|=1} \|Q^{(k)}(D)\varphi\| \leq C \|\varphi\|_{p-2} \leq \varepsilon \|\varphi\|_{p-1}, \quad \forall\ \varphi \in \mathcal{D}(\mathcal{O}_a)$$

con $\varepsilon \to 0$ per diam $\mathcal{O}_a \to 0$. Si ha allora, per un $\mathcal{O}_a$ opportuno

$$\|\varphi\|_{p-1} \leq C \sum_{|k|=1} \|P^{(k)}(a,D)\varphi\| \quad , \quad \forall \quad \varphi \in \mathcal{D}(\mathcal{O}_a).$$

Da questa, con ragionamento analogo, si ha, posto

$$P(x,D) = P(a,D) + R(x,D)$$

$$P^{(k)}(x,D) = P^{(k)}(a,D) + R^{(k)}(x,D)$$

i coefficienti di $R^{(k)}(x,D)$ sono $\in C^{\infty}$ e infinitesimi in a .
Si ha quindi

$$\sum_{|k|=1} \|R^{(k)}(x,D)\varphi\| \leq \varepsilon \|\varphi\|_{p-1}, \quad \forall\ \varphi \in \mathcal{D}(\mathcal{O}_a).$$

Da cui, essendo $\varepsilon \to 0$ per diam $\mathcal{O}_a \to 0$, si ha, con un'opportuna scelta di $\mathcal{O}_a$, la (5.29).

Prima di passare alla seconda parte precisiamo

1°) scriveremo P per P(x,D), p per p(x,D), p_1' per $p_1'(x,D)$, P_1' per $P_1'(x,D)$.

2°) indicheremo con t.n. (termes négligeables) delle quantità dipendenti da φ , maggiorabili con $\varepsilon \|\varphi\|^2_{p-1}$, con $\varepsilon \to 0$ per diam.supp. $\varphi \to 0$.

3°) Supporremo per comodità $a \equiv 0$ (origine).

II) Dimostrazione della (5.30)

Dalla identità di Leibniz si ha

$$P(x_1 \varphi) = x_1 . P\varphi + \frac{1}{2i\pi} P'_1 \varphi$$

(5.31) $$\|P'_1 \varphi\|^2 = 2i\pi \left\{ (P(x_1\varphi) \mid P'_1 \varphi) - (x_1 P\varphi \mid P'_1 \varphi) \right\}$$

Consideriamo la quantità $(P(x_1\varphi) \mid P'_1 \varphi)$ e confrontiamola con $(P'_1(x_1\varphi) \mid P\varphi)$. Vedremo che le due coincidono a meno di t.n. dopo di che sarà facile stabilire la (5.30)

(5.32) $$(P(x_1\varphi) \mid P'_1 \varphi) = (p(x_1\varphi) \mid P'_1 \varphi) + \text{t.n.}$$

infatti il termine tralasciato è, se si scrive $P = p+R$, grado $R < p$, $(R(x_1\varphi) \mid P'_1 \varphi)$, e per esso si ha :

$$|(R(x_1\varphi)|P'_1\varphi)| \leq |(x_1 R\varphi|P'_1\varphi)| + \frac{1}{2\pi}|(R'_1\varphi|P'_1\varphi)| \leq$$

$$\leq \varepsilon\|\varphi\|^2_{p-1} + C\|\varphi\|_{p-2}\|\varphi\|_{p-1} \leq \varepsilon\|\varphi\|^2_{p-1}$$

In maniera analoga si ha :

(5.33) $$(P'_1(x_1\varphi) \mid P\varphi) = (P'_1(x_1\varphi) \mid p\varphi) + \text{t.n.}$$

D'altra parte vale :

(5.34) $$(p(x_1\varphi) \mid P'_1 \varphi) = (p(x_1\varphi) \mid p'_1 \varphi) + \text{t.n.}$$

Infatti qui si tratta di valutare $(p(x_1\varphi)|R'_1\varphi)$. Per questo, spostando una derivazione dal 1° fattore al secondo nel prodotto scalare, si ha :

$$(p(x_1\varphi) \mid R_1'\varphi) = (q(x_1\varphi) \mid Q\varphi)$$

dove q e Q sono operatori a coeff. C^∞ di grado $\leq$ p-1 . Allora, con lo stesso procedimento seguito per provare la (5.32) si ha l'asserto.

In maniera analoga a quella ora seguita :

$$(5.35) \qquad (P_1'(x_1\varphi) \mid P\varphi) = (p_1'(x_1\varphi) \mid p\varphi) + \text{t.n.}$$

Dalle (5.32), (5.33), (5.34), (5.35) segue :

$$(P(x_1\varphi)|P_1'\varphi) - (P_1'(x_1\varphi)|P\varphi) = (p(x_1\varphi)|p_1'\varphi) - (p_1'(x_1\varphi)|p\varphi) + \text{t.n.}$$

Siamo quindi ricondotti a valutare

$$(p(x_1\varphi)|p_1'\varphi) - (p_1'(x_1\varphi)|p\varphi) .$$

Per questo ricordiamo che p è reale, per cui :

$$(5.36) \qquad (p(x_1\varphi)|p_1'\varphi) = (x_1\varphi \mid pp_1'\varphi) + \text{t.n.}$$

$$(5.37) \qquad (p_1'(x_1\varphi)| p\varphi) = (x_1\varphi \mid p_1' p\varphi) + \text{t.n.}$$

dove nella valutazione di t.n. : per la (5.36) ci si trova di fronte ad un caso come (5.32) e (5.33); per la (5.37), di fronte ad un caso come (5,34) e (5.35).

D'altra parte

$$pp_1' - p_1'p = Q = \sum_{|l| \leq 2p-2} b_l(x)\, D^l \ ; \quad b_l \in C^\infty , \quad \text{reali.}$$

$$(x_1\varphi \mid PP_1'\varphi) - (x_1\varphi \mid P_1'P\varphi) = (x_1\varphi \mid Q\varphi) = \sum_{|l| \leq 2p-2} (x_1\varphi \mid b_l D^l \varphi).$$

$$(x_1\varphi \mid b_l D^l\varphi) = (b_l x_1 . \varphi \mid D^l \varphi) = (D^h \{b_l x_1 \varphi\} \mid D^k \varphi), \text{ con } \begin{cases} |h| \leq p-1 \\ |k| \leq p-1 \end{cases}$$

facendo la D^h si vede che $(D^h\{b_l x_1 . \varphi\} \mid D^k\varphi)$ è somma di termini di uno dei due tipi seguenti :

1°) $(x_1 b_l' D^{h'} \varphi \mid D^k \varphi)$, con $|h'| \leq |h|$, $b_l' \in C^\infty$

2°) $(b_l' D^{h'} \varphi \mid D^k \varphi)$, con $|h'| < |h|$, $b_l' \in C^\infty$

e quindi entrambi t.n.

Si ricava così finalmente

$$(p(x_1\varphi) \mid P_1'\varphi) - (P_1'(x_1\varphi) \mid P\varphi) = \text{t.n.}$$

$$(P(x_1\varphi) \mid P_1'\varphi) - (P_1'(x_1\varphi) \mid P\varphi) = \text{t.n.}$$

Dalla (5.31) segue allora :

$$(5.38) \qquad \|P_1'\varphi\|^2 = 2i\pi \left\{ (P_1'(x_1\varphi) \mid P\varphi) - (x_1 P\varphi \mid P_1'\varphi) \right\} + \text{t.n.}$$

$$\|P_1'\varphi\|^2 = 2i\pi \left\{ (x_1 P_1'\varphi \mid P\varphi) + \frac{1}{2i\pi}(P_{11}''\varphi \mid P\varphi) - (x_1 P\varphi \mid P_1'\varphi) \right\} + \text{t.n.}$$

$$\|P_1'\varphi\|^2 \leq \varepsilon \|P_1'\varphi\| . \|P\varphi\| + C \|P_{11}''\varphi\| . \|P\varphi\| + \varepsilon \|P\varphi\| . \|P_1'\varphi\| + \varepsilon \|\varphi\|_{p-1}^2 .$$

$$\|P_1'\varphi\|^2 \leq \varepsilon \|\varphi\|_{p-1} . \|P\varphi\| + C \|\varphi\|_{p-2} . \|P\varphi\| + \varepsilon \|P\varphi\| . \|\varphi\|_{p-1} + \varepsilon \|\varphi\|_{p-1}^2 .$$

(5.39) $\|P'_1\varphi\|^2 \leq \varepsilon\|P\varphi\|\cdot\|\varphi\|_{p-1} + \varepsilon\|\varphi\|^2_{p-1}$.

D'altra parte la (5.39) vale anche per un $\forall P^{(k)}$ in luogo di P'_1 ($|k| = 1$). Quindi la (5.27). Dalla (5.39) risulta in più che la C della (5.27) è infinitesima con diam $\mathcal{O}_a$. c.v.d.

Osservazione 5.4.

La condizione di realtà della parte principale di P(x,D) può essere attenuata ma non completamente soppressa. Infatti se si considera

$$P(x,D) = \frac{\partial}{\partial x_1} + i\frac{\partial}{\partial x_2} - 2i(x_1 + ix_2)\frac{\partial}{\partial x_3}$$

per esso $P(x,D)\,\mathcal{D}'(\Omega) \not\supset \mathcal{D}(\Omega)$, $\forall\Omega \subset R^n$ (H. Lewy).

Mentre, se per esso valesse il risultato del Teor.5.5. avremmo per esso la disuguaglianza (1.4) e quindi, dal Teor.1.1.

$$P(x,D)\,L^2(\mathcal{O}_a) \supset L^2(\mathcal{O}_a) .$$

CAPITOLO II

LA DISUGUAGLIANZA DI HÖRMANDER COLLA TRASFORMATA DI FOURIER

1. Nuova dimostrazione della disuguaglianza di Hörmander.

Cominciamo col provare il seguente

Lemma 1.1.

"*Sia* f(z) *olomorfa nel disco unità*, $|z| \leq 1$, (*olomorfa all'interno e continua nel disco chiuso*). *Se per un polinomio* Q(z), *del tipo*

$$Q(z) = z^p + \sum_{j>0} a_j z^{p-j} = \prod_j (z - \lambda_j)$$

si ha che

$$g(z) = \frac{f(z)}{Q(z)}$$, *è olomorfa anch'essa nel disco unità*,

allora vale

$$(1.1) \qquad |g(0)| \leq \frac{1}{2\pi} \int_0^{2\pi} |f(e^{i\theta})| d\theta \text{ ."}$$

Dimostrazione

Cominciamo col considerare il caso in cui tutti i λ_j sono diversi da zero. Al caso generale si passa poi facilmente per continuità.

Scriviamo : Q(z) = Q'(z).Q"(z) , dove

$$Q'(z) = \prod_{|\lambda_i| \leq 1} (z - \lambda_i)$$

$$Q''(z) = \prod_{|\lambda_i| > 1} (z - \lambda_i) \ .$$

Posto : $h(z) = \dfrac{f(z)}{Q'(z)}$, si ha

(1.2) $$|h(0)| \geqslant |g(0)| ,$$

quindi, dimostrando la (1.1) per h(z) si ha l'asserto.

Per provare la (1.1) per h(z) si scriva :

$$k(z) = \left[\prod_{|\lambda_i| \leq 1} \frac{1 - \bar{\lambda}_i z}{z - \lambda_i} \right] f(z) = \left[\prod_{|\lambda_i| \leq 1} (1 - \bar{\lambda}_i z) \right] h(z)$$

k(z) risulta olomorfa nel disco unità, essendolo h(z). D'altra parte è : $k(0) = h(0)$, $|k(z)| = |f(z)|$ per $|z| = 1$.

Quindi, dalla formula integrale di Cauchy :

$$|h(0)| = |k(0)| \leq \frac{1}{2\pi} \int_0^{2\pi} |k(e^{i\theta})| \, d\theta = \frac{1}{2\pi} \int_0^{2\pi} |f(e^{i\theta})| \, d\theta$$

c.v.d.

<u>Osservazione 1.1.</u>

Lo stesso risultato del <u>Lemma 1.1.</u> si può estendere nel senso di considerare funzioni f(z) olomorfe nel cerchio di raggio ρ . Allora vale

(1.3) $$|g(0)| \leq \frac{1}{2\pi \rho^p} \int_0^{2\pi} |f(\rho e^{i\theta})| \, d\theta, \qquad p = \text{grado } Q$$

che si prova applicando la (1.1) a

$$\varphi(z) = f(\rho z)$$

$$R(z) = \frac{1}{\rho^p} Q(\rho z) \ .$$

Possiamo ora dare la nuova dimostrazione della disuguaglianza di Hörmander, e precisamente provare il

Teorema 1.1.

"Sia P(D) operatore differenziale a coefficienti costanti, di grado p . Sia $\varphi \in \mathcal{D}(\mathbb{R}^n)$. Allora per ogni $\rho > 0$ e $k \in N^n$ esiste $C = C(p, k, \rho)$ tale che

$$(1.4) \qquad \| P^{(k)}(D)\varphi \| \leq$$

$$\leq C(p,k,\rho) . \left[\sup \left\{ e^{2\pi <\eta, x>} ; \ x \in \operatorname{supp}\varphi, \ |\eta| \leq \rho \right\} \right] . \| P(D)\varphi \| ."$$

Dimostrazione

Evidentemente basta provare che $\exists$ $C(p,\rho)$ tale che la (1.4) valga per i $P^{(k)}(D)$ con $|k| = 1$. Noi vedremo questo per il caso di $P'_1(D)$, essendo analoghi gli altri.

Per provare questo fatto cominciamo col far vedere che $\exists$ C tale che vale :

$$(1.5) \int \left| \frac{\partial P}{\partial \xi_1} . \phi(\xi) \right|^2 d\xi \leq C \sup_{|\eta| \leq \rho} \int |P(\xi + i\eta) \ \phi(\xi + i\eta)|^2 d\xi .$$

$$\forall \ \phi = \mathcal{F}\varphi \ , \ \varphi \in \mathcal{D}(R^n).$$

Per questo consideriamo $P'_1(\xi)\phi(\xi)$, che possiamo scrivere :

$$\frac{P'_1(\xi)}{P(\xi)} . P(\xi) \ \phi(\xi) \ ,$$

ovvero, indicando con $\Psi(\xi) = \phi(\xi)P(\xi)$, e con λ_i gli zeri del polinomio $P(\xi)$ rispetto alla variabile ξ_1 ($\lambda_i = \lambda_i(\xi_2, \ldots, \xi_n)$) :

$$P'_1(\xi) \ \phi(\xi) = \sum_i \frac{\Psi(\xi)}{\xi_1 - \lambda_i} \ , \qquad \text{quindi}$$

$$P_1'(\xi_1+z,\xi_2,\ldots,\xi_n)\cdot\Phi(\xi_1+z,\xi_2,\ldots,\xi_n) =$$
$$=\sum_i \frac{\Psi(\xi_1+z,\xi_2,\ldots,\xi_n)}{\xi_1+z-\lambda_i}\ .$$

Ora, le funzioni $P_1'(\xi_1+z,\xi_2,\ldots,\xi_n)\ \Phi(\xi_1+z,\xi_2,\ldots,\xi_n)$ e $\Psi(\xi_1+z,\xi_2,\ldots,\xi_n)$ sono, nella variabile z , olomorfe (Paley-Wiener), anzi è olomorfa ciascuna delle $\dfrac{\Psi(\xi_1+z,\xi_2,\ldots,\xi_n)}{\xi_1+z-\lambda_i}$.

Pertanto applicando il <u>Lemma 1.1.</u>, si ha

$$(1.6)\qquad \left|\frac{\Psi(\xi)}{\xi_1-\lambda_i}\right| \leqslant \frac{1}{2\pi\rho}\int_0^{2\pi}\left|\Psi(\xi_1+\rho e^{i\theta},\xi_2,\ldots,\xi_n)\right| d\theta\ ,$$

$(i = 1,2,\ldots,n)$.

Quindi, sommando le (1.6), si ha

$$(1.7)\qquad \left|P_1'(\xi)\Phi(\xi)\right| \leqslant \frac{p}{2\pi\rho}\int_0^{2\pi}\left|\Psi(\xi_1+\rho e^{i\theta},\xi_2,\ldots,\xi_n)\right| d\theta.$$

Da questa si ricava, usando la diseguaglianza di Schwarz :

$$(1.8)\qquad \left|P_1'(\xi)\Phi(\xi)\right|^2 \leqslant \frac{p^2}{2\pi\rho^2}\int_0^{2\pi}\left|\Psi(\xi_1+\rho e^{i\theta},\xi_2,\ldots,\xi_n)\right|^2 d\theta.$$

Quindi, integrando rispetto a ξ :

$$(1.9)\qquad \int\left|P_1'(\xi)\Phi(\xi)\right|^2 d\xi \leqslant \frac{p^2}{2\pi\rho^2}\int d\xi\int_0^{2\pi}\left|\Psi(\xi_1+\rho e^{i\theta},\xi_2,\ldots,\xi_n)\right|^2 d\theta$$

Perciò, a fortiori, dopo l'inversione delle integrazioni :

$$(1.10)\qquad \int\left|P_1'(\xi)\Phi(\xi)\right|^2 d\xi \leqslant \frac{p^2}{2\pi\rho^2}\sup_{|\eta|\leqslant\rho}\int\left|\Psi(\xi+i\eta)\right|^2 d\xi$$

$$(1.10)\quad \int |P_1'(\xi)\phi(\xi)|^2 d\xi \leq \frac{p^2}{2\pi\rho^2} \sup_{|\eta|\leq\rho} \int |P(\xi+i\eta).\phi(\xi+i\eta)|^2 d\xi$$

Quindi vale la (1.5) con $C = (p^2/2\pi\rho^2)$.

Mostriamo ora come dalla (1.5) discenda la (1.4) per P_1' e cioè :

$$(1.11)\quad \|P_1'(D)\varphi\| \leq C(p,\rho).\sup\left\{e^{2\pi<\eta,x>} ; x \in \operatorname{supp}\varphi, |\eta| \leq \rho\right\}. \cdot\|P(D)\varphi\| .$$

Infatti, poichè è :

$$\phi(\xi+i\eta) = \mathcal{F}(e^{2\pi<\eta,x>}\varphi(x))(\xi)$$

è anche :

$$P(\xi+i\eta)\,\phi(\xi+i\eta) = \mathcal{F}(e^{2\pi<\eta,x>}P(D)\varphi)(\xi).$$

Quindi :

$$(1.12)\quad \int |P(\xi+i\eta)\,\phi(\xi+i\eta)|^2 d\xi = \|e^{2\pi<\eta,x>}P(D)\varphi\|^2.$$

Dalla (1.12) segue, usando la (1.5), la (1.11).

c.v.d.

2. <u>Un teorema di esistenza in</u> $L^2(\mathbb{R}^n)$.

Abbiamo già visto nel <u>cap.I</u> che per ogni P(D) e per ogni $g \in L^2(\Omega)$, con Ω aperto limitato, esiste $f \in L^2(\Omega)$ tale che

$$(2.1)\quad P(D)f = g .$$

Ci poniamo ora il seguente :

Problema 2.1.

"Risolvere la (2.1) essendo $g \in L^2(\mathbb{R}^n)$."

Dimostreremo il seguente :

Teorema 2.1.

"Per ogni $g \in L^2(\mathbb{R}^n)$ e per ogni $\rho > 0$, $\exists$ f con

$$P(D)f = g \quad , \quad e^{-\rho|x|} f(x) \in L^2(\mathbb{R}^n)."$$

Dimostrazione

Dalla (1.12) e (1.5) si ha che vale

$$\|\varphi\| \leq C(P,\rho) \left\| e^{2\pi\rho|x|} P(D)\varphi(x) \right\| \quad , \forall \varphi \in \mathcal{D} . \tag{2.2}$$

Definiamo su $\bar{P}(D)\mathcal{D}$ il funzionale lineare F

$$F(\bar{P}(D)\varphi) = (g|\varphi) . \tag{2.3}$$

Dalla (2.2) applicata a $\bar{P}(D)$ si ricava :

$$\left| F(\bar{P}(D)\varphi) \right| \leq C. \|g\| . \left\| e^{2\pi\rho|x|} \bar{P}(D)\varphi \right\| . \tag{2.4}$$

Se quindi indichiamo con G il funzionale lineare, definito su $e^{2\pi\rho|x|}\bar{P}(D)\mathcal{D}$, da

$$G(e^{2\pi\rho|x|}\bar{P}(D)\varphi) = F(\bar{P}(D)\varphi) , \tag{2.5}$$

si ha, dalla (2.4), che G è continuo rispetto al suo argomento in L^2.

Pertanto $\exists$ $h \in L^2(\mathbb{R}^n)$ tale che

$$G(e^{2\pi\rho|x|}\bar{P}(D)\varphi) = (h \,|\, e^{2\pi\rho|x|}\bar{P}(D)\varphi) , \quad \forall \varphi \in \mathcal{D}.$$

Indicando quindi con $f(x) = e^{2\pi \rho |x|} h(x)$, si ha

$$F(\bar{P}(D)\varphi) = (f \mid \bar{P}(D)\varphi) \quad , \quad \forall \ \varphi \in \mathcal{D} \quad ,$$

cioè

$$(f \mid \bar{P}(D)\varphi) = (g \mid \varphi) \quad , \quad \forall \ \varphi \in \mathcal{D}$$

quindi : $P(D)f = g \quad , \quad h = e^{-2\pi \rho |x|} f(x) \in L^2(\mathbb{R}^n).$

c.v.d.

Ricordiamo che dicesi soluzione elementare relativa all'operatore P(D) una distribuzione E se

(2.6) $\quad P(D)E = \delta \quad , \quad \delta$ funzione di Dirac.

Ricordiamo inoltre che per la δ si ha la :

(2.7) $$\delta = \sum_{|k| \leq [\frac{n}{2}]+1} D^k g_k \quad , \quad g_k \in L^2(\mathbb{R}^n) .$$

Possiamo allora provare il seguente :

<u>Teorema 2.2.</u>

"<u>Per ogni</u> P(D), <u>assegnati comunque dei numeri positivi</u> $\{\rho_k\}_{|k| \leq [\frac{n}{2}]+1}$, <u>esiste una soluzione elementare</u> E <u>della forma</u>

$$E = \sum_{|k| \leq [\frac{n}{2}]+1} D^k f_k \quad , \quad \text{con} \quad e^{-\rho_k |x|} f_k(x) \in L^2 ."$$

<u>Dimostrazione</u>

Basta applicare il <u>Teor.2.1.</u> alle equazioni

$$P(D)f = g_k \quad , \quad |k| \leq \left[\frac{n}{2}\right] + 1 .$$

c.v.d.

3. <u>Divisione di distribuzioni</u>.

Consideriamo il problema della divisione di una distribuzione $S \in \mathcal{S}'$ per un polinomio $P(\xi)$, cioè il problema di trovare $T \in \mathcal{S}'$ tale che :

$$P(\xi)T = S .$$

Per trasposizione il problema equivale a mostrare che $P(\xi)\mathcal{S}$ è un sottospazio chiuso di $\mathcal{S}$.

Per trasformazione di Fourier esso equivale a mostrare che $P(D)\mathcal{S}$ è sottospazio chiuso di $\mathcal{S}$, o (trasponendo) che $P(\xi)\mathcal{S}' = \mathcal{S}'$.

Si può far vedere che la risposta a questo quesito è sempre affermativa (Hörmander, Łojasiewicz); ma occorre usare metodi molto diversi da quelli che noi utilizziamo qui.

D'altra parte, i metodi del § 2 permettono di dimostrare il teorema seguente :

<u>Teorema 3.1.</u>

"<u>Dato</u> $P(D)$ <u>e</u> g , <u>con</u> $e^{-\rho|x|}g(x) \in L^2$ ($\rho > 0$). <u>Per ogni</u> $\rho' > \rho$ <u>esiste</u> f , <u>con</u> $e^{-\rho'|x|}f(x) \in L^2$, <u>per cui</u> :

$$P(D)f = g ."$$

<u>Dimostrazione</u>

Analoga a quella del <u>Teor.2.1.</u>

4. Un teorema di esistenza per distribuzioni a supporto compatto.

Indichiamo con $\mathcal{E}'$ lo spazio delle distribuzioni a supporto compatto su $\mathbb{R}^n$.

Consideriamo il seguente

Problema 4.1.

"Dato P(D) e $\nu \in \mathcal{E}'$, trovare $\mu \in \mathcal{E}'$ per cui

$$P(D)\,\mu = \nu\ ."$$

A proposito di questo problema si può subito osservare:

Osservazione 4.1.

Se dato $\nu \in \mathcal{E}'$ esiste $\mu \in \mathcal{E}'$ per cui $P(D)\mu = \nu$, allora $\frac{\mathcal{F}\nu}{P(\xi)}$ è traccia di una funzione olomorfa su $\mathbb{C}^n$.

Infatti $\frac{\mathcal{F}\nu}{P(\xi)} = \mathcal{F}\mu$ e $\mathcal{F}\mu$ è traccia di una funzione olomorfa su $\mathbb{C}^n$ (Paley-Wiener).

Pertanto si ha, per la risoluzione del Problema 4.1. la condizione necessaria :

" $\mathcal{F}\nu/P(\xi)$ è traccia di una funzione olomorfa."

Proveremo ora che tale condizione è anche sufficiente, precisamente dimostriamo il :

Teorema 4.1.

"Condizione necessaria e sufficiente perchè dato $\nu \in \mathcal{E}'$ esista $\mu \in \mathcal{E}'$ tale che $P(D)\mu = \nu$, è che $\mathcal{F}\nu\ /P(\xi)$ sia traccia di una funzione olomorfa su $\mathbb{C}^n$."

Dimostrazione

Indichiamo con $N = \mathcal{F}\nu$, e consideriamo la funzione

$$M(\zeta) = \frac{N(\zeta)}{P(\zeta)} , \qquad \zeta \in \mathbb{C}^n .$$

Si tratta di far vedere, sapendo che $M(\zeta)$ è olomorfa e $N(\zeta)$ è trasformata di Fourier di una distribuzione a supporto compatto, che anche $M(\zeta)$ è trasformata di Fourier di una distribuzione a supporto compatto.

Per questo, ricordando il Teorema di Paley-Wiener-Schwartz, si tratta di far vedere, sapendo che $M(\zeta)$ è olomorfa e che $N(\zeta)$ verifica

$$|N(\zeta)| \leq C\,(1+|\zeta|^2)^k . e^{2\pi\langle A,\eta\rangle}, \quad \zeta = \xi + i\eta$$

$A = (A_1, \dots, A_n)$, $A_i \geq 0$.

che $M(\zeta)$ verifica

$$(4.1) \qquad |M(\zeta)| \leq C'(1+|\zeta|^2)^k . e^{2\pi\langle A',\eta\rangle}$$

Per questo consideriamo $\left[(P_1'(\zeta)\,N(\zeta))/P(\zeta)\right]$, e dimostriamo per esso, in luogo di $M(\zeta)$, la (4.1). Iterando il ragionamento si arriverà alla (4.1).

Si tratta quindi di provare :

$$(4.2) \qquad \left| \frac{P_1'(\zeta)N(\zeta)}{P(\zeta)} \right| \leq C'(1+|\zeta|^2)^k . e^{2\pi\langle A,\eta\rangle} .$$

Per questo scriviamo

$$(4.3) \qquad \frac{P_1'(\zeta).N(\zeta)}{P(\zeta)} = \sum_j \frac{N(\zeta_1,\dots,\zeta_n)}{\zeta_1 - \lambda_j}$$

dove i λ_j sono gli zeri di $P(\zeta)$ rispetto a ζ_1 .

Dal <u>Lemma 1.1.</u> si ricava

$$\left|\frac{N(\zeta_1,\dots,\zeta_n)}{\zeta_1-\lambda_j}\right| \leq \frac{1}{2\pi}\int_0^{2\pi}\left|N(\zeta_1+e^{i\theta},\zeta_2,\dots,\zeta_n)\right| d\theta .$$

(4.4) $$\left|\frac{N(\zeta_1,\dots,\zeta_n)}{\zeta_1-\lambda_j}\right| \leq \sup_{|\zeta'|\leq 1}\left|N(\zeta+\zeta')\right|$$

Quindi, dalle (4.3) e (4.4) :

(4.5) $$\left|\frac{P_1'(\zeta)N(\zeta)}{P(\zeta)}\right| \leq p \cdot \sup_{|\zeta'|\leq 1}\left|N(\zeta+\zeta')\right| .$$

D'altra parte è, per l'ipotesi,

(4.6) $$\left|N(\zeta+\zeta')\right| \leq C(1+|\zeta+\zeta'|^2)^k e^{2\pi\sum_i^n A_i(\eta_i+\eta_i')}$$

$$\zeta=\xi+i\eta \quad , \quad \zeta'=\xi'+i\eta' .$$

Quindi :

(4.7) $$\left|\frac{P_1'(\zeta)N(\zeta)}{P(\zeta)}\right| \leq p\cdot C\ (1+|\zeta|^2)^k e^{2\pi\langle A,\eta\rangle} ,$$

che è più della (4.2).

<u>Osservazione 4.2.</u>

Perchè $\mu\in\mathcal{D}$, è necessario e sufficiente che $\nu\in\mathcal{D}$. Infatti, $\exists\ A$ tale che

$\forall k$, $\exists$ C(k) che verifica :

$$|N(\zeta)| \leq \frac{C(k)}{(1+|\xi|^2)^k} e^{2\pi\langle A,\eta\rangle}$$

Allora, con un ragionamento analogo al precedente, M verificherà delle disuguaglianze analoghe; quindi dal teorema di Paley-Wiener si avrà $\mu\in\mathcal{D}$.

B. Malgrange

CAPITOLO III

APPROSSIMAZIONE DELLE FUNZIONI ARMONICHE

1. Approssimazione mediante esponenziali polinomi.

Indichiamo con $\mathcal{E}(\Omega)$ lo spazio delle funzioni C^{∞} su Ω. Supponiamo dato un operatore differenziale a coefficienti costanti P(D).

Poniamo la seguente :

Definizione 1.1.

"Diremo funzioni P-armoniche (o semplicemente armoniche) di $\mathcal{E}(\Omega)$ quelle funzioni h $\in \mathcal{E}(\Omega)$:

$$P(D)h = 0 \quad .$$

Denoteremo con $\mathcal{H}$ l'insieme delle h ."

Ci poniamo il seguente :

Problema 1.1.

"Trovare dei sottoinsiemi totali[(1)] di $\mathcal{H}$."

Poniamo per questo la seguente :

Definizione 1.2.

"Diciamo esponenziale polinomio una funzione $\varphi(x)$ del tipo

$$\varphi(x) = Q(x)e^{2i\pi\langle\lambda,x\rangle}$$

con Q(x) polinomio e $\lambda \in \mathbb{C}$."

(1) totale $\Leftrightarrow$ il sottospazio da esso generato è denso.

Si ha allora il seguente :

Teorema 1.1.

"Se Ω è convesso, il sottoinsieme V degli esponenziali polinomi di $\mathcal{H}$ (2) è totale (1) in $\mathcal{H}$."

Per la dimostrazione premettiamo il

Lemma 1.1.

"Se $\nu \in \mathcal{E}'(\Omega)$ è ortogonale a V (i.e., $\forall f \in V$: $(\nu | f)=0$), allora $\exists \mu \in \mathcal{E}'(\Omega)$ tale che : $\bar{P}(D)\mu = \nu$."

Dimostrazione

Si tratta di far vedere che $\dfrac{N(\zeta)}{\bar{P}(\zeta)}$ è olomorfa (cfr. Teor.4.1., cap.II).

Per questo, essendo $N(\zeta)$ e $\bar{P}(\zeta)$ olomorfe, basta far vedere che laddove si annulla $\bar{P}(\zeta)$ si annulla anche $N(\zeta)$ in maniera che il quoziente sia olomorfo.

Per questo sia $a \in \mathbb{C}^n$ con $\bar{P}(a) = 0$.

Possiamo supporre che $\bar{P}(\zeta_1, a_2, \ldots, a_n)$ abbia in a_1 uno zero di ordine finito k .

Facciamo allora vedere che $N(\zeta_1, a_2, \ldots, a_n)$ ha in a_1 uno zero di ordine $\geqslant$ k .

Anzitutto siccome è :

$$\bar{P}(a_1, a_2, \ldots, a_n) = 0$$

risulta

$$P(\bar{a}_1, \bar{a}_2, \ldots, \bar{a}_n) = 0$$

(2) Cioè $Q(x)e^{2i\pi<\lambda,x>}$ con $P(D)\left[Q(x)e^{2i\pi<\lambda,x>}\right] = 0$.

(1) v. pag. precedente.

da cui

$$P(D)\left[e^{2\pi i<\bar{a},x>}\right] = 0 \quad , \text{ e } \quad e^{2\pi i<\bar{a},x>} \in V .$$

Poichè è $\nu \in V^{\perp}$ cioè ν è ortogonale a V si ha :

$$0 = (\nu | e^{2\pi i<\bar{a},x>}) = <\nu, e^{-2i\pi<a,x>}> = N(a_1,..,a_n)$$

Per la generica derivata di ordine $j < k$ si ha, per $z_1 = a_1$:

$$\bar{P}_1^j (a_1,\dots, a_n) = 0$$

$$P_1^j (\bar{a}_1,\dots, \bar{a}_n) = 0$$

da cui

$$P(D)\left[x_1^j \, e^{2i\pi<\bar{a},x>}\right] = 0 \quad , \text{ e } \quad x_1^j \, e^{2i\pi<\bar{a},x>} \in V$$

Quindi

$$0 = (\nu | x_1^j \, e^{2i\pi<\bar{a},x>}) = <\nu, x_1^j \, e^{-2i\pi<a,x>}> =$$

$$= N_1^j (a_1,\dots, a_n) .$$

Risulta facilmente da ciò che precede che $\frac{N(\zeta)}{P(\zeta)}$ è limitata nell'intorno di ogni punto in cui $P(\zeta) = 0$: un teorema classico della teoria delle funzioni di variabile complessa mostra allora che $\frac{N(\zeta)}{P(\zeta)}$ è olomorfa.

Per il Teor.4.1. del Capitolo I (generalizzato), siccome Ω è per ipotesi convesso, si ha

$$\text{supp.}\mu \subset \text{inv.conv.supp.}\mu =$$
$$= \text{inv.conv.supp.}\nu \subset \Omega ;$$

quindi non solo $\mu \in \mathcal{E}'$ ma anche $\mu \in \mathcal{E}'(\Omega)$ ed il Lemma 1.1.

è dimostrato.

Possiamo ora dimostrare il <u>Teorema 1.1.</u> Vogliamo dimostrare che da

(1.2) $\quad (v \mid \varphi) = 0 \ , \quad \forall \ \varphi \in V$

segue

(1.3) $\quad (v \mid h) = 0 \ , \quad \forall \ h \in \mathcal{H} \ .$

Dalla (1.2) per il <u>Lemma 1.1.</u>, $\exists \ \mu \in \mathcal{E}'(\Omega)$ tale che

$$\bar{P}(D)\mu = v \ ;$$

ora se $h \in \mathcal{H}$ si ha

$$(v \mid h) = (\bar{P}(D)\mu \mid h) =$$

$$= (\mu \mid P(D)\, h) = 0 \ , \quad \text{cioè la (1.3)} \ .$$

Il <u>Teorema 1.1.</u> è così completamente dimostrato.

<u>Corollario 1.1.</u>

"<u>Se</u> Ω <u>è convesso, allora gli esponenziali polinomi armonici approssimano le distribuzioni</u>, $S \in \mathcal{D}'(\Omega)$, <u>armoniche</u>, $P(D)S = 0$, <u>in</u> $\mathcal{D}'(\Omega)$."

<u>Dimostrazione</u>

Sia $\alpha_j \to \delta$, $\{\alpha_j\} \subset \mathcal{D}$. Allora $\alpha_j * S \in \mathcal{E}(\Omega_j)$ dove $\Omega_j \subset \Omega$ e $\Omega_j \to \Omega$. D'altra parte $\alpha_j * S$ è armonica, quindi può approssimarsi in $\mathcal{E}(\Omega_j)$ con esponenziali polinomi armonici. L'approssimazione vale a fortiori in $\mathcal{D}'(\Omega_j)$. Poichè, d'altra parte, $\alpha_k * S \to S$ in $\mathcal{D}'(\Omega_j)$ (j fissato), allora S può approssimarsi con esponenziali polinomi armonici in ogni Ω_j quindi in Ω (nella topologia di $\mathcal{D}'(\Omega)$).

c.v.d.

Corollario 1.2.

"Se Ω è convesso, allora gli esponenziali polinomi armonici approssimano le funzioni armoniche di $L^2_{loc}(\Omega)$ in $L^2_{loc}(\Omega)$."

Dimostrazione

Analoga alla precedente.

2. Approssimazione con polinomi puri o esponenziali puri.

Ci poniamo qui la questione di vedere quando possa farsi l'approssimazione con polinomi o con esponenziali. Questo fatto dipende da P(D) nel modo precisato nei due seguenti teoremi, che non dimostreremo.

Teorema 2.1.

"L'approssimazione può farsi, se Ω è convesso, con polinomi se e solo se i fattori irriducibili di $P(\xi)$ si annullano nell'origine."

Teorema 2.2.

"L'approssimazione può farsi, se Ω è convesso, con esponenziali se e solo se $P(\xi)$ non ha fattori multipli nella decomposizione in fattori irriducibili."

Due importanti corollari dei teoremi ora enunciati sono i seguenti :

Corollario 2.1.

"Su aperti Ω convessi, le funzioni Δ-armoniche possono approssimarsi con polinomi Δ-armonici."

Corollario 2.2.

"Se $P(D) = \sum_{i=1}^{n} \frac{\partial^2}{\partial x_i^2} - \sum_{i=1}^{n} \frac{\partial^2}{\partial t_i^2}$, allora su aperti Ω convessi le funzioni P-armoniche possono approssimarsi con esponenziali P-armonici."

Il Corollario 2.1. ristabilisce un noto teorema, mentre, servendoci del Corollario 2.2., ritroveremo, nel paragrafo seguente, un risultato di Asgeirsson.

3. Teorema di Asgeirsson.

Indichiamo con f una funzione di $L^2_{loc}(\Omega)$ dove Ω è un aperto di R^{2n}. Indichiamo con (x,t) il punto generico di R^{2n}; dove è $x \in R^n$, $t \in R^n$.

Indichiamo con $\mu_{r,x}(x,t)$, la media integrale di f sulla sfera, n-dimensionale, di centro (x,t) e raggio r , nello spazio delle variabili x . Con $\mu_{r,t}(x,t)$ la media analoga nello spazio delle variabili t .

Si ha allora il seguente :

Teorema 3.1. (di Asgeirsson)

"Se $f \in L^2_{loc}(\Omega)$ verifica la

$$\sum_{i=1}^{n} \frac{\partial^2 f}{\partial x_i^2} - \sum_{i=1}^{n} \frac{\partial^2 f}{\partial t_i^2} = 0 \text{ , su } \Omega \tag{3.1}$$

allora, per ogni $(x,t) \in \Omega$ e r tali che le sfere di centro (x,t) e raggio r negli spazi delle x e delle t, siano contenute in Ω, si ha

$$(3.2) \qquad \mu_{r,x}(x,t) = \mu_{r,t}(x,t) ,$$

dove le $\mu_{r,x}$ e $\mu_{r,t}$ sono le medie dette più sopra relative alla f soluzione della (3.1)."

Dimostrazione

Per il Cor.2.2. basta verificare la (3.2) per il caso in cui f sia un esponenziale verificante la (3.1) e cioè sia

$$f(x,t) = e^{2i\pi \{<\xi,x> + <\tau,t>\}} , \qquad |\xi| = |\tau| .$$

Data l'invarianza per traslazioni dell'equazione (3.1) possiamo limitarci a verificare l'eguaglianza delle due medie nell'origine (0,0). Avremo allora :

$$\mu_{r,x} = \frac{1}{r^n \omega_n} \int_{|x|=r} e^{2i\pi<\xi,x>} d\sigma_x , \quad d\sigma \text{ elemento d'area}$$

$$\mu_{r,t} = \frac{1}{r^n \omega_n} \int_{|t|=r} e^{2\pi i<\tau,t>} d\sigma_t$$

e queste risultano uguali, essendo $|\xi| = |\tau|$, come si può verificare direttamente.

4. Un teorema di esistenza in $L^2_{loc}(\Omega)$.

Siamo ora in grado di dimostrare il seguente

Teorema 4.1.

"Se Ω è convesso allora : $P(D)\, L^2_{loc}(\Omega) \supset L^2_{loc}(\Omega)$."

Dimostrazione

Si tratta di far vedere che per ogni $g \in L^2_{loc}(\Omega)$ $\exists$ $f \in L^2_{loc}(\Omega)$ tale che : $P(D)f = g$.

Per questo ricordiamo che per ogni aperto limitato Ω_o vale : $P(D)L^2(\Omega_o) \supset L^2(\Omega_o)$.

Consideriamo allora $\{\Omega_j\}$ tale che

1) $\Omega_j \subset \bar{\Omega}_j \subset \Omega_{j+1}$, $\forall$ j .

2) Ω_j limitato, $\forall$ j .

3) Ω_j convesso, $\forall$ j .

4) $\bigcup_j \Omega_j = \Omega$.

Indichiamo con g_j la restrizione di g a Ω_j. Avremo allora $g_j \in L^2(\Omega_j)$. Possiamo allora costruire una $\{f_j\}$ di funzioni tali che :

1) $f_j \in L^2(\Omega_j)$

2) $P(D)f_j = g_j$, in $L^2(\Omega_j)$.

Faremo ora vedere che $\{f_j\}$ può essere scelta in modo che $f_j \to f$ in $L^2_{loc}(\Omega)$ (dopo di che f sarà la soluzione cercata).

Per questo consideriamo i tre aperti :

$$\Omega_{j-1} \subset \Omega_j \subset \Omega_{j+1} ,$$

e le funzioni f_j, f_{j+1} .

Avremo che $f_{j+1} - f_j$ è armonica su Ω_j , ed è $f_{j+1} - f_j \in L^2(\Omega_j)$. Allora $f_{j+1} - f_j$ può essere approssimata in $L^2_{loc}(\Omega_j)$ e quindi in $L^2(\Omega_{j-1})$ con combinazioni lineari di esponenziali polinomi armonici. Cioè esiste h_j combinazione lineare di esponenziali polinomi armonici, tale che

$$\| f_{j+1} - f_j - h_j \|_{L^2(\Omega_{j-1})} < 2^{-j}$$

Avremo allora che la serie :

$$f_1 + \sum_{j=1}^{\infty} \left\{ f_{j+1} - f_j - h_j \right\} \quad , \quad \text{converge in } L^2_{loc}(\Omega).$$

Infatti, se K è un compatto $\subset \Omega$, si ha $\Omega_{j-1} \supset K$, per $j > j_K$. Quindi :

$$\| f_{j+1} - f_j - h_j \|_{L^2(K)} \leq \| f_{j+1} - f_j - h_j \|_{L^2(\Omega_{j-1})} < 2^{-j}$$

$$j > j_K .$$

Da cui la convergenza della serie in $L^2(K)$.

Indicata con f la somma della serie, si ha $f \in L^2_{loc}(\Omega)$ e

$$P(D)\, f = g \quad , \quad \text{infatti} \quad :$$

si tratta di verificare :

$$\big(P(D)f \mid \varphi\big) = (g \mid \varphi) \quad , \quad \forall \ \varphi \in \mathcal{D}(\Omega) .$$

Per questo scriviamo :

$$P(D)f = P(D) \left\{ (f - \bar{f}_j) + \bar{f}_j \right\} , \text{ dove } \bar{f}_j = f_j - \sum_{s=1}^{j-1} h_s .$$

Avremo :

$$\left(P(D)f \mid \varphi\right) = (P(D)\left\{f-\bar{f}_j\right\} \mid \varphi) + (P(D)\bar{f}_j \mid \varphi) =$$

$$= (f-\bar{f}_j \mid \bar{P}(D)\varphi) + (g_j \mid \varphi) \,.$$

D'altra parte, se $\Omega_{j-1} \supset \operatorname{supp} \varphi$:

$$(P(D)f \mid \varphi) = (f-\bar{f}_j \mid \bar{P}(D)\varphi) + (g \mid \varphi) \,, \quad \text{quindi :}$$

$$\left|(P(D)f \mid \varphi) - (g \mid \varphi)\right| \leq \left\| f-\bar{f}_j \right\|_{L^2(\Omega_{j-1})} \left\| \bar{P}(D)\varphi \right\| \,.$$

Dove il 1° membro non dipendendo da j , ed il secondo essendo infinitesimo per $j \to +\infty$, ne segue l'asserto.

c.v.d.

B. Malgrange

CAPITOLO IV

P - CONVESSITA'

1. Definizione di P-convessità

Considereremo un aperto $\Omega \subset R^n$ e un operatore differenziale a coefficienti costanti P(D).

Indicheremo con $\mathcal{D}'^F(\Omega)$ le distribuzioni su Ω di tipo finito.

Dimostriamo innanzitutto il seguente

Teorema 1.1.

"Sono condizioni equivalenti le

1°) $P(D)\mathcal{D}'(\Omega) \supset \mathcal{E}(\Omega)$.

2°) $P(D) L^2_{loc}(\Omega) \supset L^2_{loc}(\Omega)$

2°bis) $P(D)\mathcal{D}'^F(\Omega) = \mathcal{D}'^F(\Omega)$

2°ter) $P(D)\mathcal{E}(\Omega) = \mathcal{E}(\Omega)$

3°) per $\forall$ K compatto $\subset \Omega$, $\exists$ un compatto K' $\subset \Omega$, per cui

$$\varphi \in \mathcal{E}'(\Omega),\ \text{supp}\ \bar{P}(D)\varphi \subset K \Rightarrow \text{supp}\ \varphi \subset K'.$$

3°bis) per $\forall$ K, compatto, $\subset \Omega$, $\exists$ un compatto K' $\subset \Omega$, per cui :

$$\varphi \in \mathcal{D}(\Omega),\ \text{supp}\ \bar{P}(D)\varphi \subset K \Rightarrow \text{supp.}\ \varphi \subset K'."$$

Dimostrazione

Dimostreremo le equivalenze secondo il seguente schema :

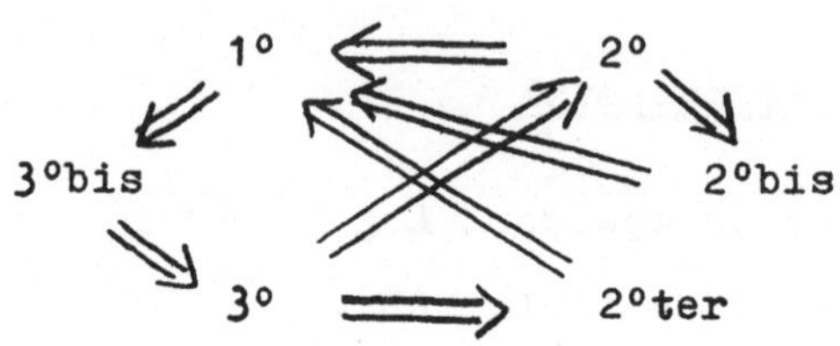

Sono ovvie le implicazioni :

2° $\Rightarrow$ 1° , 2°bis $\Rightarrow$ 1° , 2°ter $\Rightarrow$ 1° , 2° $\Rightarrow$ 2°bis

Pure semplicemente, per regolarizzazione, si prova che

3°bis $\Rightarrow$ 3° .

Consideriamo ora l'implicazione : 1° $\Rightarrow$ 3°bis.
Si tratta di far vedere che se $P(D)\mathcal{D}'(\Omega) \supset \mathcal{E}(\Omega)$, allora : per ogni compatto $K \subset \Omega$ esiste un compatto $K' \subset \Omega$ per il quale : $\varphi \in \mathcal{D}(\Omega)$, supp $\bar{P}(D)\varphi \subset K \Rightarrow$ supp $\varphi \subset K'$.

Per questo cominciamo col far vedere che da 1° segue che :

Se $A \subset \mathcal{D}(\Omega)$ è tale che $\bar{P}(D)A$ è limitato in $\mathcal{D}(\Omega)$, allora A è limitato in $\mathcal{E}'(\Omega)$.

Poichè $\mathcal{E}'(\Omega)$ è spazio di Frechet, basta far vedere che A è debolmente limitato in $\mathcal{E}'(\Omega)$ (th. de Banach-Steinhaus). Si tratta cioè di far vedere che

$$\sup_{\varphi \in A} |(g|\varphi)| < \infty \quad , \quad \forall \; g \in \mathcal{E}(\Omega). \tag{1.1}$$

Per provare la (1.1) consideriamo, per ogni g, una $f \in \mathcal{D}'(\Omega)$ tale che : $P(D)f = g$.

Si ha allora :

$$\sup_{\varphi \in A} |(g|\varphi)| = \sup_{\varphi \in A} |(f | \bar{P}(D)\varphi)| = \sup_{\psi \in \bar{P}(D)A} |(f|\psi)| < \infty$$

essendo $\bar{P}(D)A$ limitato in $\mathcal{D}(\Omega)$.

Mostriamo ora che da questo fatto segue 3°bis. Supponiamo, per assurdo, che 3°bis non sia vero. Allora può trovarsi $\{\varphi_j\} \subset \mathcal{D}(\Omega)$ tale che i supp $\bar{P}(D)\varphi_j$ sono tutti contenuti in uno stesso compatto $K \subset \Omega$, mentre $\bigcup_j \operatorname{supp} \varphi_j \not\subset \Omega$.

Poniamo $\psi_j = \bar{P}(D)\varphi_j$; scegliamo una successione di scalari $\{\lambda_j\}$ tale che :

$$\sup_x |\lambda_1 \psi_1(x)| \leq 1$$

$$\sup_x |\lambda_2 \psi_2(x)| + \sup_{x,i} \left|\lambda_2 \frac{\partial \psi_2}{\partial x_i}(x)\right| \leq 1$$

etc....

otterremo che l'insieme $\{\bar{P}(D)\lambda_j\varphi_j\}$ è limitato in $\mathcal{D}(\Omega)$, mentre l'insieme $\{\lambda_j \varphi_j\}$ non è limitato in $\mathcal{E}'(\Omega)$; infatti, se lo fosse, i supporti delle $\lambda_j\varphi_j$ sarebbero contenuti in uno stesso compatto di Ω, (cfr. L. Schwartz).

Questo è assurdo, per la proprietà dimostrata sopra, se vale 1°, quindi l'asserto, cioè 1° $\Longrightarrow$ 3°bis.

Consideriamo ora l'implicazione : 3° $\Longrightarrow$ 2°. Si tratta di far vedere che : $P(D)L^2_{loc}(\Omega) \supset L^2_{loc}(\Omega)$.

Per questo procederemo in maniera analoga a quella seguita per provare lo stesso risultato nel <u>Teor.4,1.</u> del <u>Cap.III</u>.

Indichiamo con $\{\Omega_j\}$ una successione di aperti limitati e tali che :

1) $\Omega_j \subset \bar{\Omega}_j = K \subset K' \subset \Omega_{j+1}$, $\forall$ j

dove K' è associato a K secondo l'ipotesi 3°).

2) $\bigcup_j \Omega_j = \Omega$.

Indichiamo, data $g \in L^2_{loc}(\Omega)$, con g_j la restrizione di g a Ω_j.

Avremo $g_j \in L^2(\Omega_j)$ e quindi $\exists\, f_j \in L^2(\Omega_j)$ tale che :

$$P(D)f_j = g_j .$$

Anche qui resta il problema della convergenza della serie :

$$f_1 + \sum_{j=1}^{\infty} (f_{j+1} - f_j) \quad , \qquad \text{in } L^2_{loc}(\Omega) .$$

Qui non potremo usare l'approssimazione con esponenziali polinomi armonici, ma ugualmente vedremo come possa approssimarsi $f_{j+1} - f_j$ in $L^2_{loc}(\Omega_{j-1})$ con funzioni armoniche definite almeno in Ω_{j+1}. Più precisamente facciamo vedere che : l'insieme V delle funzioni armoniche di $L^2_{loc}(\Omega_{j+1})$, che è un sottoinsieme dell'insieme $\mathcal{H}$ delle funzioni armoniche di $L^2(\Omega_j)$ (al quale $f_{j+1} - f_j$ appartiene), è denso in $\mathcal{H}$, nella convergenza di $L^2_{loc}(\Omega_{j-1})$. Per questo basterà far vedere che :

ogni $\psi \in (L^2_{loc}(\Omega_{j-1}))' = L^2_{comp}(\Omega_{j-1}) = \mathcal{E}'(\Omega_{j-1}) \cap L^2(\Omega_{j-1})$,

che sia ortogonale a V è anche ortogonale a $\mathcal{H}$. Mostriamo che esiste $\chi \in \mathcal{E}'(\Omega_j) \cap L^2(\Omega_j)$, verificante (in Ω, o in Ω_j, non importa) $\bar{P}(D)\chi = \psi$; dalle ipotesi, basta dimostrare che esiste $\chi \in L^2(\bar{\Omega}_{j+1})$ verificante $\bar{P}(D)\chi = \psi$ in Ω, poichè allora il supporto di χ sarà necessariamente un compatto di Ω_j. Dal teorema di Hahn-Banach si ha che esiste una successione di funzioni $\chi_p \in \mathcal{D}(\Omega_{j+1})$ tali che $\bar{P}(D)\chi_p$ converge verso ψ in $L^2(\Omega_{j+1})$; dalla disuguaglianza (2.2), Cap.I, le χ_p formano una successione di Cauchy in $L^2(\Omega_{j+1})$, e convergono quindi verso χ ; per passaggio al limite si ha $\bar{P}(D)\chi = \psi$ in Ω; da cui l'esistenza della χ voluta.

Sia ora $h \in L^2(\Omega_j)$, $P(D)h = 0$; sia $\{\alpha_s\} \subset \mathcal{D}(R^n)$, con $\alpha_s \geqslant 0$, e supp $\alpha_s \to 0$, e tali che $\int \alpha_s dx = 1$. Allora il supporto di $\alpha_s * \chi$ è in Ω_j per s sufficientemente grande, e si ha :

$$(\alpha_s * \psi \mid h) = (\bar{P}(D)(\alpha_s * \chi) \mid h) = (\alpha_s * \chi \mid P(D)h) = 0 ,$$

da cui, passando al limite, $(\psi \mid h) = 0$. c.v.d.

Resta da far vedere che 3° $\Longrightarrow$ 2°ter, ma per questo rimandiamo alla tesi di Malgrange.

Poniamo ora la seguente :

Definizione 1.1.

"Se per un aperto Ω, e per un operatore $P(D)$ sono verificate le proprietà del Teor.1.1., allora Ω si dice P-convesso."

Osservazione 1.1.

Ogni aperto convesso è P-convesso, per $\forall$ $P(D)$.

Osservazione 1.2.

Sia Ω un aperto di R^n. Ω è P-convesso se e solo se è nulla la omologia a coefficienti nel fascio $\underset{\sim}{\mathcal{H}}$ dei germi delle funzioni C^{∞}, armoniche su Ω. Infatti si ha :

$$H^p(\Omega, \underset{\sim}{\mathcal{H}}) = 0 \quad , \quad p \geqslant 2$$

$$H^1(\Omega, \underset{\sim}{\mathcal{H}}) = \mathcal{E}(\Omega) \,/\, P(D)\, \mathcal{E}(\Omega) \ ;$$

come si vede considerando la successione esatta

$$0 \to \underset{\sim}{\mathcal{H}} \xrightarrow{i} \underset{\sim}{\mathcal{E}} \xrightarrow{P(D)} \underset{\sim}{\mathcal{E}} \to 0$$

dove $\underset{\sim}{\mathcal{E}}$ è il fascio dei germi di funzioni indefinitamente derivabili, e i l'iniezione; questa successione è esatta perchè localmente P(D) è surgettivo in $\mathcal{E}$; allora, applicando ad essa la successione esatta di coomologia si trova :

$$0 \to H^0(\Omega, \underset{\sim}{\mathcal{H}}) \xrightarrow{i} H^0(\Omega, \underset{\sim}{\mathcal{E}}) \xrightarrow{P(D)} H^0(\Omega, \underset{\sim}{\mathcal{E}}) \to H^1(\Omega, \underset{\sim}{\mathcal{H}}) \to$$

$$\to H^1(\Omega, \underset{\sim}{\mathcal{E}}) \to \dots \to H^P(\Omega, \underset{\sim}{\mathcal{E}}) \to H^{p+1}(\Omega, \underset{\sim}{\mathcal{H}}) \to H^{p+1}(\Omega, \underset{\sim}{\mathcal{E}}) \to$$

$$\to \dots .$$

e il risultato ne segue osservando che

$$H^0(\Omega, \underset{\sim}{\mathcal{E}}) = \mathcal{E}(\Omega) , \quad e \quad H^p(\Omega, \underset{\sim}{\mathcal{E}}) = 0 .$$

2. Un teorema di esistenza in $\mathcal{D}'(\Omega)$.

Consideriamo il seguente

Problema 2.1.

"Sotto quali condizioni per Ω e $P(D)$ si ha

$$P(D)\,\mathcal{D}'(\Omega) = \mathcal{D}'(\Omega)\text{ .}"$$

Diamo, per questo, la seguente

Definizione 2.1.

"Diremo supporto singolare di una distribuzione T l'insieme dei punti nell'intorno dei quali T non è C^∞."

E' ovvio che il supporto singolare è un insieme chiuso, ed è compatto se T è a supporto compatto.

Si ha allora il seguente

Teorema 2.1. (di Hörmander)

"Condizione necessaria e sufficiente perchè $P(D)\,\mathcal{D}'(\Omega) = \mathcal{D}'(\Omega)$ è che

1) Ω sia P-convesso.

2) Per $\forall$ compatto $K \subset \Omega$, $\exists$ un compatto $K' \subset \Omega$ tale che :

se $T \in \mathcal{E}'(\Omega)$ e supp sing $\bar{P}(D)T \subset K \Rightarrow$ supp sing $T \subset K'$."

Per la dimostrazione vedi :

L.Hörmander "On the range of differential and convolution operators." (In corso di stampa).

Osservazione 2.1.

Se Ω è convesso allora le 1) e 2) sono verificate.

(Cfr. B.Malgrange - Romania).

Anteriormente Ehrenpreis aveva dimostrato che

$$P(D)\mathcal{D}'(R^n) = \mathcal{D}'(R^n)$$

Osservazione 2.2.

Un esempio di Zerner mostra che può essere Ω P-convesso e $P(D)\mathcal{D}'(\Omega) \neq \mathcal{D}'(\Omega)$.

Osservazione 2.3.

Se P è ipoellittico, allora la 2) è certo verificata per ogni Ω . Infatti allora per ogni $T \in \mathcal{E}'$ si ha :[1]
supp sing T = supp sing $\bar{P}(D)T$.

Quindi per gli operatori ipoellittici si ha :

Teorema 2.2.

"Se P è ipoellittico allora

$$P(D)\mathcal{D}'(\Omega) = \mathcal{D}'(\Omega) \Longleftrightarrow \Omega \text{ è P-convesso."}$$

3. Caratterizzazione geometrica degli aperti P-convessi.

Per lo studio della P-convessità è molto importante la seguente

Proposizione 3.1. (Hörmander)

" Ω è P-convesso se e solo se

$$(3.1) \quad d(\text{supp } T, \partial\Omega) = d(\text{supp } \bar{P}(D)T, \partial\Omega) \quad , \quad \forall\, T \in \mathcal{E}'(\Omega)."$$

(1) Ricordiamo che gli operatori ipoellittici sono quelli per cui T è C^∞ se P(D)T è C^∞. Se P(D) è ipoellittico ovviamente anche $\bar{P}(D)$ lo è.

Dimostrazione

a) supponiamo verificata la (3.1), facciamo allora vedere che Ω è P-convesso.

Mostreremo che vale 3°) del Teor.1.1., e cioè, per ogni $K \subset \Omega$, $\exists$ $K' \subset \Omega$ tale che

$$\operatorname{supp} \bar{P}(D)T \subset K \Rightarrow \operatorname{supp} T \subset K' \quad , \text{ per } \quad T \in \mathcal{E}'(\Omega) .$$

Ricordiamo che supp T $\subset$ inv.conv.supp. $\bar{P}(D)T$, quindi, se supp $\bar{P}(D)T \subset K$, allora supp T $\subset$ inv.conv. K .

Sia pertanto B una sfera chiusa contenente K . B è convessa, quindi B $\supset$ inv.conv. K .

Sia d'altra parte $\bar{\Omega}_d$ l'insieme dei punti di Ω che hanno distanza maggiore od uguale a d da $\partial\Omega$, dove $d = d(\partial\Omega, K)$. Per la (3.1) si ha

$$\operatorname{supp} T \subset \bar{\Omega}_d \; , \; \forall \; T \in \mathcal{E}'(\Omega) \qquad \text{per cui} \quad \operatorname{supp} \bar{P}(D)T \subset K .$$

Quindi :

$$\operatorname{supp} T \subset \Omega_d \cap B \; , \; \forall \; T \in \mathcal{E}'(\Omega) \qquad \text{per cui} \quad \operatorname{supp} \bar{P}(D)T \subset K .$$

D'altra parte $\bar{\Omega}_d \cap B$ è compatto $\subset \Omega$, quindi l'asserto.

b) Supponiamo ora che Ω sia P-convesso. Se non valesse la (3.1) potremmo trovare T $\in \mathcal{E}'(\Omega)$ tale che :

$$d(\operatorname{supp} \bar{P}(D)T \; , \; \partial\Omega) > d \; (\operatorname{supp} T \; , \; \partial\Omega) = d \; .$$

Se allora indichiamo con $\{ T_j \}$ una successione di traslate di T nella direzione individuata da un punto di supp T ed uno di $\partial\Omega$, la cui distanza sia d , traslate verso $\partial\Omega$, con la traslazione tendente a d per $j \to \infty$, avremmo che

$$\forall j : \operatorname{supp} \bar{P}(D)T_j \subset K \subset \Omega \qquad \text{(K compatto)}$$

mentre : $d(\bigcup_j \operatorname{supp} T_j , \partial\Omega) = 0$, il che è assurdo se vale la 3°).

c.v.d.

Come conseguenza della <u>Proposiz.3.1.</u> si hanno alcune semplici proprietà degli aperti P-convessi.

<u>Proprietà 3.1.</u>

" $\bigcup_n \Omega_n$ <u>è P-convesso se gli</u> Ω_n <u>lo sono</u>."

<u>Proprietà 3.2.</u>

"<u>Se</u> $\{\Omega_\alpha\}_\alpha$ <u>è una famiglia di aperti P-convessi allora</u> $(\bigcap_\alpha \Omega_\alpha)^\circ$ <u>è P-convesso</u>."

<u>Osservazione 3.1.</u>

Dalla <u>proprietà 3.2.</u> segue che può definirsi l'aperto, inviluppo P-convesso di un aperto dato, e cioè : per ogni aperto esiste un minimo aperto P-convesso che lo contiene.

Si ha inoltre il seguente importante risultato, conseguenza della <u>Proposiz.3.1.</u> :

<u>Teorema 3.1.</u>

"<u>Se</u> P(D) <u>è ellittico e</u> Ω <u>è aperto, allora</u> Ω <u>è P-convesso</u>."

<u>Dimostrazione</u>

Sia $T \in \mathcal{E}'(\Omega)$. Sia $K = \operatorname{supp} \bar{P}(D)T$. E' $K \subset \Omega$. D'altra parte T è analitica in $\Omega - K$. E' immediato che T è nulla sulle componenti connesse di Ω - K che non sono relativamente compatte in Ω. Basterà allora dimostrare che K' = K $\cup$ $\cup$ (compon. connesse rel.comp. di Ω - K) è compatto; ciò che segue dall'osservare che K' è contenuto nell'inviluppo convesso di K, e che $d(K', \partial\Omega) = d(K, \partial\Omega)$.

4. Proprietà geometriche della frontiera degli aperti P-convessi

Considereremo in questo paragrafo aperti $\Omega \in R^n$ con frontiera $\partial\Omega$ regolare di classe C^2.

Sia P(D) un operatore differenziale a coefficienti costanti e P(D) la sua parte principale, che supporremo a coefficienti reali.

Se $a \in \partial\Omega$, indicheremo con $N = (n_1, \dots, n_n)$ il versore della normale a $\partial\Omega$ nel punto a orientata verso l'interno di Ω.

Poniamo la seguente :

Definizione 4.1.

"Diremo che $a \in \partial\Omega$ è P-caratteristico se $p(N) = 0$, e diremo allora vettore P-caratteristico

$$B = \left(\frac{\partial p}{\partial \xi_1}(N), \frac{\partial p}{\partial \xi_2}(N), \dots, \frac{\partial p}{\partial \xi_n}(N) \right)."$$

Il vettore P-caratteristico, in un punto $a \in \partial\Omega$ P-caratteristico, appartiene al piano tangente per a alla $\partial\Omega$, infatti :

$$B \times N = \sum_j \frac{\partial p}{\partial \xi_j}(N).n_j = p.p(N) = 0 \quad (p = \text{grado di } P)$$

pertanto la normale N e il vettore B (non nullo se P è di tipo principale), individuano un piano, perpendicolare al piano tangente. L'intersezione di questo piano con $\partial\Omega$ è una curva di classe C^2. La curvatura di questa curva, nel punto a, considerata positiva se la curva è convessa verso Ω, verrà detta <u>curvatura P-caratteristica</u> nel punto a .

Si ha allora il seguente :

<u>Teorema 4.1.</u>

"1°) <u>Se in ogni punto</u> a $\in \partial\Omega$, <u>P-caratteristico, la curvatura P-caratteristica è</u> >0 <u>allora</u> Ω <u>è P-convesso</u>.

2°) <u>Se</u> Ω <u>è P-convesso allora la curvatura P-caratteristica in ogni punto P-caratteristico di</u> $\partial\Omega$ <u>è</u> $\geqslant 0$."

<u>Indicazione di dimostrazione</u>

1°) (dovuta a Hörmander); utilizzando il teorema di Hölmgren (unicità del problema di Cauchy).

2°) (dovuta a Malgrange, C.R.) utilizzando una variante del teorema di Cauchy-Kovalevsky dovuta a Goursat.

Per vedere come il risultato del <u>Teor.4.1.</u> non possa essere migliorato faremo ora un esempio dal quale risulterà che la curvatura P-caratteristica per aperti P-convessi può essere nulla, ed inoltre che si possono avere aperti, non P-convessi, con la curvatura P-caratteristica sempre $\geqslant 0$.

<u>Esempio 4.1.</u>

Sia $n = 2$; $P = \dfrac{\partial}{\partial x_1}$

Si può verificare direttamente che : condizione necessaria e sufficiente perchè un aperto $\Omega \subset R^2$ sia $\dfrac{\partial}{\partial x_1}$ - convesso è che esso sia convesso nella direzione dell'asse x_1 , cioè contenga i segmenti paralleli all'asse x_1 , aventi estremi appartenenti ad esso.

Allora un aperto come quello in figura

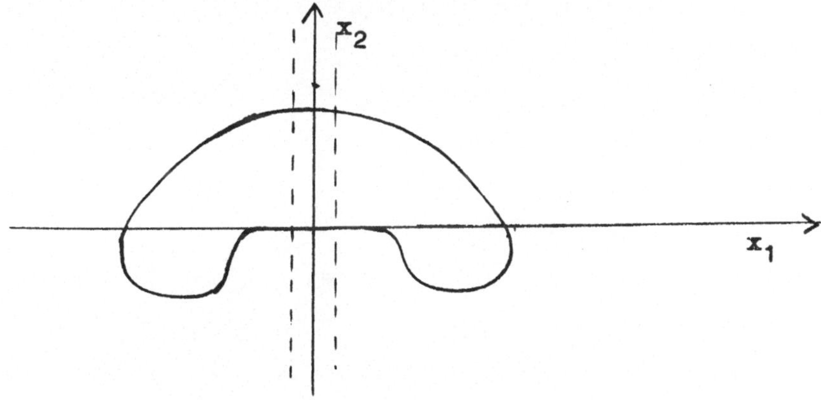

non è P-convesso mentre lo sono le sue intersezioni con i semipiani : $x_1 > -\varepsilon$, $x_1 < \varepsilon$, per ε sufficientemente piccolo.

Questo esempio mostra anche che la P-convessità non è una proprietà "locale alla frontiera" di $\partial\Omega$, (in un senso facile a precisarsi).

B I B L I O G R A F I A

I. BIBLIOGRAFIA GENERALE.

Cap.I. L.Hörmander, On the theory of general partial differential operators, Acta Math. 94 (1955) p.160-248.

Cap.II, III, IV. B.Malgrange, Existence et approximation des solutions des equations aux dérivées partielles (Thèse), Ann.Inst.Fourier 6 (1955-56) p.271-355.

Cap.IV. L.Hörmander, On the range of differential and convolution operators, in corso di stampa.

Vedere anche un libro di Hörmander, in corso di stampa presso Springer, che conterrà (tra l'altro) tutte le questioni trattate qui.

II. RIFERIMENTI BIBLIOGRAFICI PARTICOLARI.

Cap.I, § 4. L.Nirenberg, Uniqueness in the Cauchy problem for differential equations with constant leading coefficients, Comm.Pures Appl.Math. 10 (1957) p.89-105

§ 5. Oss.5.4. Sulle equazioni senza soluzione, vedere :

H.Lewy, An example of smooth partial differential equation without solution, Ann. of Math. 2-66 (1957) p.155-158.

L.Hörmander, Differential equations without solutions, Math.Annalen 140 (1960) p.169-173.

Cap.II, § 3. Sulla divisione delle distribuzioni, vedere :

L.Hörmander, On the division of distributions by polynomials, Arkiv f. Mathematik, 3 (1958) p.555-569.

S.Łojasiewicz, Sur le problème de la division, Studia Math. 18 (1959) p.87-136.

B.Malgrange in Seminaire L.Schwartz, Paris 1959/60.

Cap.IV, Oss.2.1. Vedere L.Ehrenpreis, Solution of some problem of division III, Amer.Journal of Math. 78 (1956) p.685-715.

B.Malgrange, Sur la propagation de la regularité des solutions des equations à coefficients constants, Bull.Math. Soc.Math.Rhep.Roumanie, 3 (51) 1959 p.433-440.

Oss.2.2. Vedere M.Zerner, Solutions de l'equation des ondes presentant des singularités sur une droite, C.R.Acad.Sc. Paris 250 (1960) p.2980-2982.

Th.4.1. Affermazione 2°) B. Malgrange, Sur les ouverts convexes par rapport à un opérateur differentiel, C.R.Acad.Sc.Paris 254 (1962) p.614-615.

CENTRO INTERNAZIONALE MATEMATICO ESTIVO

(C.I.M.E.)

JAN MIKUSIŃSKI

UNE INTRODUCTION ELEMENTAIRE A LA THEORIE DES DISTRIBUTIONS DE PLUSIEURS VARIABLES

ROMA - Istituto Matematico dell'Università

UNE INTRODUCTION ELEMENTAIRE
A LA THEORIE DES DISTRIBUTIONS DE PLUSIEURS VARIABLES

par
Jan Mikusiński

Una grande partie des travaux sur les distributions est consacrée aux fondaments de la théorie pour cette raison peut-être que cette théorie, basée sur la théorie des fonctionnelles et sur la Topologie, semble être, au premier coup d'oeil, difficile. De différents auteurs ont tâché de la rendre plus accessible aux non-spécialistes, en conservant son aspect fonctionnel, ou bien en la basant sur un autre principe. Ces derniers se sont bornés, en plupart, aux destributions d'une seule variable. Dans nos recherches récentes, nous avons trouvé, Sikorski et moi [1], que le cas des plusieurs variables se laisse traiter d'une façon aussi élémentaire que le cas d'une seule variable et que les seules complications qui interviennent sont les mêmes que dans l'analyse classique.

Quoique le but principale de mes conférences soit plutôt modeste, à savoir de présenter d'une manière facile et élémentaire des faits en principe connus, on y rencontrera aussi quelques conceptions nouvelles.

Nous introduirons les distributions comme des limites généralisées des suites de fonctions. Dans le cas d'une seule variable on peut commencer avec les fonctions continues. Mais, dans le cas de plusieurs variables, ceci conduit, tout au commencement, à quelques complications, car les dérivées de ces fonctions ne se laissent plus interpréter classiquement, à cause de mauvaises propriétés de ces dérivées. Il faudrait introduire, tout d'abord, une notion de dérivée généralisée et ensuite une théorie, pas très élégante, des pseudo-polynômes, c'est-à-dire des fonctions dont une certaine dérivée généralisée mixte est nulle. Cette complication se laisse éviter entièrement, en partant d'une classe de fonctions plus régulières que les fonctions continues. On peut partir par exemple des fonctions indéfiniment dérivables ou, tout simplement, des polynômes. Alors la dérivée généralisée se confond avec la dérivée ordinaire et il n'y a plus besoin d'en parler. Or, les polynômes n'ont pas de propriétés locales et nous avons vérifié par expériment que cette voie détruit l'élégance de la théorie. Pour cette raison, nous nous sommes décidés de partir de la classe des fonctions indéfiniment dérivables.

1. Notations.

Etant donnés deux systèmes de nombres

$$a = (\alpha_1,\ldots,\alpha_q)\,, \quad b = (\beta_1,\ldots,\beta_q)\,,$$

nous écrirons $a < b$ lorsque $\alpha_i < \beta_i$ pour $i = 1,\ldots,q$. La définition de l'inégalité faible $a \leq b$ est analogue. Les inégalités $a < x < b$ et $a \leq x \leq b$ désignent un intervalle ouvert et un intervalle fermé (q-dimensionnels) respectivement. Le sens des symboles $x+y$ et λx, où x et y sont des points de l'espace q-dimensionnel et λ est un nombre réel, est évident. Le symbole $|x|$ désignera la distance de x de l'origine.

Si $\varphi(x) = \varphi(\xi_1,\ldots,\xi_q)$ est une fonction indéfiniment dérivable, nous écrirons

$$\varphi^{(k)}(x) = \frac{\partial^{\varkappa_1+\cdots+\varkappa_q}}{\partial\xi_1^{\varkappa_1}\cdots\partial\xi_q^{\varkappa_q}}\varphi(\xi_1,\ldots,\xi_q) \quad (k=(\varkappa_1,\ldots\varkappa_q).$$

2. Convergence uniforme.

Nous disons qu'une suite de fonctions $f_n(x)$ converge uniformément vers $f(x)$ sur un ensemble I et nous écrivons

$$f_n(x) \rightrightarrows f(x) \quad \text{sur } I\ ,$$

lorsque la fonction limite $f(x)$ est définie sur I et, quel que soit $\varepsilon > 0$, il existe un index n_0 tel que, pour tout $n > n_0$, les fonctions $f_n(x)$ sont définies sur l'ensemble I tout entier et y satisfont à l'inégalité $|f_n(x) - f(x)| < \varepsilon$.

On écrit $f_n(x) \rightrightarrows$ sur I , lorsqu'il existe une fonction $f(x)$ telle que $f_n(x) \rightrightarrows f(x)$ sur I .

Nous disons qu'une suite $f_n(x)$ converge vers $f(x)$ presque uniformément dans un ensemble ouvert $\mathcal{O}$, si $f_n(x) \rightrightarrows f(x)$ sur tout intervalle I à l'intérieur de $\mathcal{O}$, c'est à dire tel que la fermeture de I est dans $\mathcal{O}$. La fonction limite $f(x)$ est ainsi défini dans l'ensemble $\mathcal{O}$ tout entier, mais aucunes des fonctions $f_n(x)$ n'a besoin d'être défini dans tout l'ensemble $\mathcal{O}$.

3. Distributions.

Les limites des suites presque uniformément convergentes de fonctions indéfiniment dérivables sont des fonctions continues. Les distributions seront obtenues, en généralisant la notion de convergence presque uniforme. Les distributions seront, pour ainsi dire, des limites des suites convergentes au sens généralisé ou, autrement dit, des suites fondamentales.

Une suite de fonctions indéfiniment dérivables $\varphi_n(x)$ est dite fondamentale dans $\mathcal{O}$, lorsqu'il existe, pour tout intervalle I à l'intérieur de $\mathcal{O}$, un ordre k et des fonctions indéfiniment dérivables $\Phi_n(x)$ telles que

$$(F_1)\quad \Phi_n^{(k)}(x) = \varphi_n(x)\,,$$

$$(F_2)\quad \Phi_n(x) \rightrightarrows \text{ sur } I\,.$$

L'ordre k et la suite $\Phi_n(x)$ dépendent en général de I. Conformément à la définition, aucune des fonctions $\varphi_n(x)$ n'a besoin d'être définie dans l'ouvert $\mathcal{O}$ tout entier. Toute suite de fonctions indéfiniment dérivables uniformément convergente est fondamentale.

On dira que deux suite fondamentales $\varphi_n(x)$ et $\psi_n(x)$ sont équivalentes, en symbole $\varphi_n(x) \sim \psi_n(x)$, lorsque la suite translacée

$$\varphi_1(x),\ \psi_1(x),\ \varphi_2(x),\ \psi_2(x),\ldots$$

est fondamentale.

La relation $\sim$ est reflexive, symmétrique est transitive, ce qui permet de définir les distributions comme limites des suites fondamentales. Deux suites fondamentales convergent vers la même distribution, ou - autrement dit - représentent la même distribution, lorsqu'elles sont équivalentes. Au point de vue de la construction de Cantor, les distributions sont donc à considérer comme classes d'équivalence des suites fondamentales. Pour les distributions on employera les mêmes symboles que pour les fonctions, par exemple f(x), g(x) etc. Si une distribution f(x) peut être représentée par la suite fondamentale $\varphi_n(x)$, on écrira $f(x) = [\varphi_n(x)]$.

4. Opérations régulières.

Une définition des distributions étant donnée, il importe de définir de différentes opérations sur ces distributions, comme l'addition, la multiplication etc. On peut donner une définition pour chacune de ces opérations séparément, mais il est préférable d'avoir une seule définition qui, appliquée aux opérations connues pour les fonctions, donne une extension automatique aux distributions. En effet, il existe une large classe d'opérations pour lesquelles ce procédé est possible. Ces opérations seront dites opérations régulières.

Commençons par un exemple. L'opération de multiplication d'une fonction $\varphi(x)$ (indéfiniment dérivable) par un nombre complexe λ a la propriété suivante :

1°) Si la suite $\varphi_n(x)$ est fondamentale, il en est de même de la suite $\lambda\varphi_n(x)$.

Cette propriété permet d'étendre l'opération considérée à des distributions arbitraires $f(x) = [\varphi_n(x)]$, en posant

$$\lambda f(x) = [\lambda\varphi_n(x)] .$$

L'unicité de cette extension est assurée par la propriété suivante:

2°) Si $\varphi_n(x) \sim \psi_n(x)$, alors $\lambda \varphi_n(x) \sim \lambda \psi_n(x)$.

Soit maintenant $A(\varphi(x), \psi(x),....)$ una opération sur un nombre fini de fonctions $\varphi(x)$, $\psi(x)$,... telle que

1°) Si les suites $\varphi_n(x)$, $\psi_n(x)$,... sont fondamentales, il en est de même de la suite $A(\varphi_n(x), \psi_n(x),...)$.

L'opération A s'étend aux distributions arbitraires $f(x) = \left[\varphi_n(x)\right]$, $g(x) = \left[\psi_n(x)\right]$,..., en posant

$$A(f(x), g(x),...) = \left[A(\varphi_n(x), \psi_n(x),...)\right] .$$

Cette extension est unique, car on peut démontrer que la condition 1° entraîne

2°) Si $\varphi_n(x) \sim \tilde{\varphi}_n(x)$, $\psi_n(x) \sim \tilde{\psi}_n(x)$,..., alors $A(\varphi_n(x), \psi_n(x),...) \sim A(\tilde{\varphi}_n(x), \tilde{\psi}_n(x),...)$.

Les opérations jouissant de la propriété 1° seront dites opérations régulières. Toute opération régulière s'étend automatiquement aux distributions et cette extension est unique.

La multiplication par un nombre, considérée au commencement est une opération régulière. Il est facile de vérifier que l'addition $\varphi(x) + \psi(x)$, la soustraction $\varphi(x) - \psi(x)$, la translation $\varphi(x+h)$ et la dérivation $\varphi^{(m)}(x)$ d'un ordre quelconque m sont des opérations régulières. Du dernier exemple il résulte aussitôt que toute distribution est indéfiniment dérivable, ce qui est un fait très important dans la théorie des distributions.

La multiplication $\varphi(x)\,\psi(x)$, considérée comme une opération sur deux fonctions $\varphi(x)$ et $\psi(x)$, n'est pas régulière, car le produit $\varphi_n(x)\,\psi_n(x)$ n'est pas nécessairement une suite fondamentale, lorsque les suites $\varphi_n(x)$ et $\psi_n(x)$ sont fondamentales. D'autre part cette multiplication peut être considérée comme une opération sur une seule fonction, lorsque l'un des facteurs est une fonction fixée. Notons par $\omega(x)$ le facteur fixe. Si $\varphi(x)$ est une fonction indéfiniment dérivable, la multiplication $\omega(x)\,\varphi(x)$ est une opération régulière sur $\varphi(x)$. Le produit $\omega(x)f(x)$ est donc défini automatiquement pour toute distribution $f(x) = \left[\varphi_n(x)\right]$, en posant $\omega(x)f(x) = \left[\omega(x)\,\varphi_n(x)\right]$.

La substitution $\varphi(\sigma(x))$ est aussi une opération régulière sur la fonction $\varphi(y)$ d'une variable réelle y , lorsque $\sigma(x)$ est une fonction fixée indéfiniment dérivable telle que $\operatorname{grad} \sigma(x) \neq 0$. Ainsi le symbole $f(\sigma(x))$ a un sens bien déterminé pour toute distribution $f(y)$. Pareillement, on peut aussi considérer des substitutions dans les fonctions $\varphi(y)$ et les distributions $f(y)$, où y est une variable ponctuelle, pourvu que le nombre de dimensions de y soit inférieur ou égal au nombre de dimensions de x .

La convolution

$$\omega(x) * \varphi(x) = \int_{-\infty}^{+\infty} \omega(x-t)\,\varphi(t)dt$$

est une opération régulière sur la fonction $\varphi(x)$, lorsque le facteur fixé $\omega(x)$ est une fonction indéfiniment dérivable à support borné.

Comme un autre exemple d'une opération régulière, définie par une intégrale, nous pouvons écrire

$$\int_x^y \varphi(t)dt \, .$$

Dans les deux exemples derniers l'intégration est entendue une fois par rapport à chacune des coordonnées de t .

Le produit ordinaire de deux fonctions devient une opération régulière par rapport aux deux facteurs, si les variables dans les deux facteurs sont indépendentes : $\varphi(x)\ \psi(y)$. Par conséquent le produit $f(x)g(y)$ est défini, quelque soient les distributions $f(x)$ et $g(y)$. Si $f(x)$ est une distribution q-dimensionnelle (c'est-à-dire la variable x est un point dans l'espace de q dimensions) et $g(y)$ est une distribution r-dimensionnelle, le produit $f(x)g(y)$ est une distribution $(q+r)$-dimensionnelle.

5. Formules de calcul.

Diverses formules sont utiles dans les calculs avec des fonctions, par exemple

$$(\varphi(x) - \psi(x)) + \psi(x) = \varphi(x) ,$$

$$\lambda(\varphi(x) + \psi(x)) = \lambda\varphi(x) + \lambda\psi(x) ,$$

$$(\omega(x) * \varphi(x))^{(m)} = \omega^{(m)}(x) * \varphi(x)$$

et beaucoup d'autres. Il est important de généraliser de telles formules au cas des distributions. Le nombre des formules utiles dans les calculs étant très grand, il serait très incommode de donner des démonstrations séparément pour chacune d'elles.

Nous donnerons une simple règle qui justifie, pour les distributions, une large classe de formules valables pour les fonctions indéfiniment dérivables. Cette règle est basée sur la conception d'itération d'opèrations. Par exemple, l'expression $\lambda(f(x) + g(x))$ est une itération de l'addition et de la multiplication (par le nombre λ). Généralement, par une itération des opérations nous entendons l'expression

$$A(B(\varphi(x), \psi(x), \ldots); C(\chi(x), \vartheta(x), \ldots); \ldots),$$

où A,B,C,... sont des opérations données. Dans chacun des exemples cités au commencement il y a des égalités entre des itérations des opérations (pourvu que l'opération identique soit incluse). Dans ces exemples il n'y a que des opérations régulières. Il résulte aussitôt de la définition des opérations régulières que les itérations des opérations régulières sont encore des opérations régulières. Le sens des formules précedentes est que leur premier et leur second membre représentent la même opération. Toutes ces opérations sont régulières et, par conséquent, leurs extensions aux distributions sont uniques. Cela implique que les mêmes formules restent valables, en remplaçant les fonctions indéfiniment dérivables par des distributions arbitraires.

Aussi des itérations de second ordre, c'est-à-dire des itérations des itérations (!) des opérations régulières sont des opérations régulières, et il en est ainsi pour des itérations d'ordre fini quelconque, disons des itérations finies des opérations régulières. Par conséquent, on obtient la règle suivante:

Si une égalité dont les deux membres sont des itérations finies d'opérations régulières est vraie pour les fonctions indéfiniment dérivables, elle l'est pour les distributions arbitraires.

Cette règle est importante, non seulement au point de vue théorique, mais surtout pour des calculs pratiques, qui ne diffèrent ainsi en rien des calculs avec des fonctions indéfiniment dérivables, pourvu que toutes les opérations qui interviennent soient régulières.

6. Distributions comme une généralisation des fonctions.

Pour toute fonction $f(x)$, continue dans un ouvert $\mathcal{O}$, il existe des suites de fonctions indéfiniment dérivables $\varphi_n(x)$ qui convergent presque partout vers $f(x)$. Toutes ces suites sont évidemment fondamentales et équivalentes entre elles. On peut donc faire correspondre, à toute fonction $f(x)$, une et une seule distribution $[\varphi_n(x)]$ telle que $\varphi_n(x)$ converge presque uniformément vers $f(x)$. Cette distribution sera identifiée avec la fonction, en symbole $f(x) = [\varphi_n(x)]$.

Cette identification sera correcte pourvu que, si $f(x)$ et $g(x)$ sont deux fonctions continues différentes, les distributions $[\varphi_n(x)]$ et $[\psi_n(x)]$ qui leur correspondent soient aussi différentes. Autrement dit, si deux suites presque uniformément convergentes $\varphi_n(x)$ et $\psi_n(x)$ sont équivalentes, elles convergent vers la même limite. Il revient au même de démontrer que si $\vartheta_n(x) = \varphi_n(x) - \psi_n(x)$ converge presque uniformément et $\vartheta_n(x) \sim 0$, alors $\vartheta_n(x)$ converge vers zéro. L'équivalence $\vartheta_n(x) \sim 0$ signifie qu'il existe, pour tout intervalle ouvert I, une suite de fonctions indéfiniment dérivables $\Theta_n(x)$ et un ordre k tels que $\Theta_n(x) \rightrightarrows 0$ et $\Theta_n^{(k)}(x) = \vartheta_n(x)$ dans I . Le problème se réduit donc à démontrer la proposition suivante :

Si $\Theta_n(x) \rightrightarrows 0$ et $\Theta_n^{(k)}(x) \rightrightarrows$ dans un intervalle ouvert I , $\Theta_n(x)$ étant des fonctions indéfiniment dérivables, alors $\Theta_n^{(k)}(x) \rightrightarrows 0$ dans I .

La démonstration de cette proposition, appartenant à l'analyse classique, n'est pas difficile. En effet, la proposition est vraie trivialement pour k = 0. Induction : Supposons qu'elle soit vraie pour un ordre k et que $\Theta_n(x) \rightrightarrows 0$, $\Theta_n^{(k+e_j)}(x) \rightrightarrows f(x)$ dans $a < x < b$, où e_j désigne l'ordre dont la $j^{\text{ème}}$ coordonnée est 1 et les coordonnées restantes sont nulles. Alors

$$\Theta_n^{(k)}(x+\eta\, e_j) - \Theta_n^{(k)}(x) = \int_0^\eta \Theta_n^{(k+e_j)}(x+\zeta e_j)d\zeta \rightrightarrows \int_0^\eta f(x+\zeta e_j)d\zeta$$

dans $a+|\eta|e_j < x < b-|\eta|e_j$. Par l'hypothèse d'induction, la dernière intégrale s'annule. Comme le nombre η est arbitraire, on obtient $f(x) = 0$.

L'identification des fonctions continues avec certaines distributions est donc justifié entièrement.

Pareillement on peut identifier des fonctions localement intégrables.

Précédemment, nous avons considéré de différentes opérations sur les distributions. Comme les fonctions continues et les fonctions intégrables (localement) sont des distributions, ces opérations sont définies de la même façon pour elles. Or, les mêmes opérations sont définies pour les fonctions directement de façon habituelle. On peut démontrer que les opérations au sens habituel coïncident avec les opérations au sens distributionnel, en ce qui concerne les opérations considérées ici : la seule exception est la dérivation. La dérivée distributionnelle

$$\frac{\partial}{\partial \xi_{j_1}} \cdots \frac{\partial}{\partial \xi_{j_n}} f(x)$$

coïncide avec la dérivée ordinaire, lorsque la fonction f(x) est continue, ainsi que toutes les dérivées successives dans l'ordre indiqué. Cette condition peut être relachée. Dans le cas d'une variable réelle x , si f(x) est une fonction absolument continue, la dérivée distributionnelle coïncide avec la dérivée ordinaire (qui est une fonction localement intégrable).

7. Dimensions des distributions.

A toute fonction indéfiniment dérivable de p variables réelles $\varphi(\xi_1, \ldots, \xi_p)$ on peut faire correspondre une fonction indéfiniment dérivable de $q > p$ variables $\varphi(\xi_1, \ldots, \xi_q)$ dont les valeurs dans le point $(\xi_1, \ldots, \xi_q)$ sont égales aux valeurs de $\varphi(\xi_1, \ldots, \xi_p)$ dans le point $(\xi_1, \ldots, \xi_p)$, quelles que soient les coordonnées $\xi_{p+1}, \ldots, \xi_q$. Il est facile de voir que, si une suite $\varphi_n(\xi_1, \ldots, \xi_p)$ est fondamentale dans les p dimensions, alors la suite correspondante $\varphi_n(\xi_1, \ldots, \xi_q)$ est fondamentale dans les q dimensions. De plus, si deux suites $\varphi_n(\xi_1, \ldots, \xi_p)$ et $\psi_n(\xi_1, \ldots, \xi_p)$ sont équivalentes dans p dimensions, alors les suites correspondantes $\varphi_n(\xi_1, \ldots, \xi_q)$ et $\psi_n(\xi_1, \ldots, \xi_q)$ sont équivalentes dans q dimensions. Il s'ensuit qu'à toute distribution p-dimensionnelle

$[\varphi_n(\xi_1,\ldots,\xi_p)]$ on peut faire correspondre univoquement une distribution q-dimensionnelle $[\varphi_n(\xi_1,\ldots,\xi_q)]$ qui est, pour ainsi dire, constante par rapport aux variables $\xi_{p+1},\ldots,\xi_q$.

On peut démontrer que la correspondance précédente est biunivoque, ce qui permettra d'identifier les distributions p-dimensionnelles avec les distributions correspondantes q-dimensionnelles. Il faut d'abord vérifier, si les opérations sur les distributions p-dimensionnelles coïncident avec les opérations correspondantes q-dimensionnelles. Pour répondre à cette question, désignons par

$$B(\varphi(\xi_1,\ldots,\xi_p)) = \varphi(\xi_1,\ldots,\xi_q)$$

la fonction q-dimensionnelle correspondante à la fonction p-dimensionnelle $\varphi(\xi_1,\ldots,\xi_p)$, indéfiniment dérivable. Cette relation peut être considérée comme une opération qui est évidemment régulière. Elle peut donc s'étendre aux distributions $f(\xi_1,\ldots,\xi_p) = [\varphi_n(\xi_1,\ldots,\xi_p)]$, en posant

$$B(f(\xi_1,\ldots,\xi_p)) = [B(\varphi_n(\xi_1,\ldots,\xi_p))].$$

Supposons qu'une autre opération régulière $A(\varphi,\psi,\ldots)$ est donnée et que

$$B(A(\varphi,\psi,\ldots)) = A(B(\varphi),B(\psi),\ldots).$$

Cette égalité est une formulation précise du fait que l'opération A appliquée à des fonctions p-dimensionnelles indéfiniment dérivables conduit au résultat analogue à celui qu'on obtient, en l'appliquant aux fonctions correspondantes q-dimensionnelles.

Les deux membres de l'égalité étant des itérations des opérations régulières, on a

$$B(A(f,g,\dots)) = A(B(f),B(g),\dots)$$

pour les distributions f, g,... Autrement dit, toute opération régulière sur des distributions p-dimensionnelles conduit au résultat analogue à celui sur les distributions correspondantes q-dimensionnelles, pourvu que la même situation ait lieu pour les fonctions indéfiniment dérivables.

8. Le potentiel d'une sphère homogène.

Pour montrer, comment on applique en pratique la théorie des opérations régulières, nous discuterons un exemple bien connu de la théorie du potentiel. Les calculs que nous allons faire ressemblent aux calculs des ingénieurs et conduisent rapidement au but. L'avantage de la théorie précédente est qu'elle donne à ces calculs une justification complète, sans changer leur forme.

Nous nous servirons de la distribution $\delta(x)$ de Dirac. Elle peut être définie par des suites fondamentales de fonctions indéfiniment dérivables $\delta_n(x)$ telles que :

1° $\delta_n(x) = 0$ pour $|x| \geqslant \alpha_n$, où α_n est une suite de nombres positifs convergente vers 0;

2° $\int_{-\infty}^{+\infty} \delta_n(x)dx = 1$;

3° $\delta_n(x) \geqslant 0$.

On peut démontrer facilement que $\omega(x)\delta(x) = 0$ pour toute fonction indéfiniment dérivable $\omega(x)$ telle que $\omega(0) = 0$. En effet, en posant $\Omega_n(x) = \int_{-\infty}^{x} \omega(t)\,\delta_n(t)dt$ (l'intégration est entendue une fois par rapport à chacune des coordonnées de t), on a évidemment $|\Omega_n(x)| \leq \int_{-\alpha_n}^{\alpha_n} |\omega(t)|\, dt = \varepsilon_n \to 0$. Donc $\Omega_n(x) \rightrightarrows 0$, ce qui entraîne $\omega(x)\,\delta_n(x) \sim 0$ et $\omega(x)\delta(x) = 0$. Plus généralement, on a

$$\varphi(x)\delta(x) = \varphi(0)\delta(x) \tag{1}$$

pour toute fonction indéfiniment dérivable $\varphi(x)$. En effet, en posant $\omega(x) = \varphi(x) - \varphi(0)$, on a $\omega(0) = 0$, donc $(\varphi(x) - \varphi(0))\delta(x) = 0$. Le passage de la dernière égalité à l'égalité (1) consiste, au fond, dans les calculs suivants : $(\varphi(x) - \varphi(0))\delta(x) = \varphi(x)\delta(x) - \varphi(0)\delta(x)$, $(\varphi(x)\delta(x) - \varphi(0)\delta(x)) - \varphi(0)\delta(x) = \varphi(x)\delta(x)$ et $0 + \varphi(0)\delta(x) = \varphi(0)\delta(x)$. Tous ces calculs sont légitimes, car ils ne contiennent que des opérations régulières.

L'égalité (1) est une propriété particulière de la distribution $\delta(x)$, qui nous sera utile dans la suite. Une autre propriété dont nous aurons besoin est

$$\delta(x) = H'(x) \qquad \text{(x variable réelle)},$$

où H(x) est la fonction de Heaviside, nulle pour $x < 0$ et égale à 1 pour $x \geqslant 0$. Elle peut être facilement, en utilisant les suites $\delta_n(x)$.

Nous nous proposons d'établir le potentiel U(x,y,z)

(x,y,z étant des coordonnées d'un point de l'espace 3-dimensionnel) de la masse superficelle de valeur $M/4\pi$ distribuée uniformément sur la sphère $x^2+y^2+z^2-R^2 = 0$. L'expression mathématique pour cette masse peut être trouvée par le raisonnement suivant. La fonction $M\delta_n(\sqrt{x^2+y^2+z^2}-R)$ est nulle en dehors de la couche sphérique $-\alpha_n < \sqrt{x^2+y^2+z^2}-R < \alpha_n$ et non négative au dedans de cette couche. Elle représente donc une masse dont la valeur totale tend vers M, lorsque $n \to \infty$. La masse limite peut être représentée dans la forme de distribution

$$M\delta(\sqrt{x^2+y^2+z^2}-R) = \left[M\delta_n(\sqrt{x^2+y^2+z^2}-R)\right].$$

La substitution $\delta(\sqrt{x^2+y^2+z^2}-R)$ est correcte dans le domaine, où $\mathrm{grad}(\sqrt{x^2+y^2+z^2}-R) \neq 0$, c'est-à-dire dans l'espace entier, sauf l'origine. Le potentiel U satisfait à l'équation

$$\text{(2)} \qquad \Delta U(x,y,z) = -M\delta(\sqrt{x^2+y^2+z^2}-R) \qquad (x^2+y^2+z^2 \neq 0).$$

Deux conditions supplémentaires sont nécessaires pour déterminer le potentiel; nous supposerons que, pour $r = \sqrt{x^2+y^2+z^2}$,

1° $\lim_{r\to\infty} U(x,y,z) = 0$;

2° $\overline{\lim_{r\to 0}} |U(x,y,z)| < \infty$.

Le sens distributionnel de ces conditions sera déterminé plus tard; pour le moment on admettra l'hypothèse que la distribution U est, aux voisinages de l'origine et de l'infini, une fonction, ce qui permet d'entendre les conditions 1° et 2° au sens classique.

Le symbole δ dans le second membre de (2) désigne la distribution 1-dimensionnelle de Dirac. Généralement, on convient que le nombre de dimensions de $\delta(t)$ est déterminé par le nombre de dimensions de la variable t. Dans notre cas, la distribution $\delta(\sqrt{x^2+y^2+z^2}-R)$ est obtenue de $\delta(t)$ par la substitution $t = \sqrt{x^2+y^2+z^2}-R$. Comme résultat de cette substitution on obtient évidemment une distribution 3-dimensionnelle.

Pour résoudre l'équation (2), il est le plus commode d'introduire des coordonnées polaires, en substituant : $x = r\cos\varphi\sin\vartheta$, $y = r\sin\varphi\sin\vartheta$, $z = r\cos\vartheta$. Cette substitution est une opération régulière dans le domaine considéré. En posant $V(r,\varphi,\vartheta) = U(r\cos\varphi\sin\vartheta, r\sin\varphi\sin\vartheta, r\cos\vartheta)$, on peut donc écrire

$$\Delta U(x,y,z) = \frac{\partial^2}{\partial r^2} V(r,\varphi,\vartheta) + \frac{2}{r} V(r,\varphi,\vartheta).$$

Dans cette formule il n'y a que des superpositions des opérations régulières. Comme elle est vraie pour les fonctions indéfiniment dérivables, elle est automatiquement vraie pour les distributions. L'équation (2) se transforme ainsi en équation

$$\frac{\partial^2}{\partial r^2} V + \frac{2}{r} V = -M\delta(r-R).$$

Pour être précis, il faut considérer dans la dernière équation la distribution $\delta(r-R)$ comme une distribution de trois variables r,φ,ϑ, qui est constante par rapport à φ et ϑ, ce qui est permis d'après les considérations du paragraphe précédent. En multipliant cette équation per r^2, il vient

$$r^2 \frac{\partial^2}{\partial r^2} V + 2rV = -Mr^2 \delta(r-R) ;$$

la multiplication par r^2 étant une opération régulière, on a pu l'effectuer de la même manière comme s'il s'agissait des fonctions indéfiniment dérivables. En appliquant maintenant la propriété de la distribution δ , on obtient

$$r^2 \frac{\partial^2}{\partial r^2} V + 2rV = -MR^2 \delta(r-R) ;$$

(car $(t-R)^2 \delta(t) = R^2 \delta(t)$ entraîne $r^2 \delta(r-R) = R^2 \delta(r-R)$ par la substitution $t = r-R$, cette substitution étant une opération régulière). La dernière égalité peut être écrite dans la forme

$$\frac{\partial}{\partial r}\left(r^2 \frac{\partial V}{\partial r}\right) = - \frac{\partial}{\partial r}\left(MR^2 H(r-R)\right),$$

ce qui entraîne

$$r^2 \frac{\partial V}{\partial r} = -MR^2 H(r-R) + c_1 ,$$

où c_1 est une distribution constante par rapport à r . La multiplication par $\frac{1}{r^2}$ est encore une opération régulière dans le domaine considéré, on a donc

$$\frac{\partial V}{\partial r} = -MR^2 \frac{1}{r^2} H(r-R) + \frac{c_1}{r^2} .$$

Par conséquent

$$V = MR^2\left(\frac{1}{r} - \frac{1}{R}\right)H(r-R) - \frac{c_1}{r} + c_2 ,$$

où c_2 est une distribution constante par rapport à r . En faisant r tendre vers ∞ , on obtient $0 = -MR + c_2$, donc

$$V = MR^2 \left(\frac{1}{r} - \frac{1}{R}\right) H(r-R) - \frac{c_1}{r} + MR$$

En multipliant par r et faisant r tendre vers 0, on trouve $c_1 = 0$ et, finalement,

$$V = MRH(R-r) + \frac{MR^2}{r} H(r-R) .$$

9. Opérations irrégulières.

La distribution $\delta\left(\sqrt{x^2+y^2+z^2}-R\right)$ que nous venons de considérer n'est définie que dans l'espace dépourvu d'origine. Or, cette distribution est une fonction nulle au voisinage de l'origine, il est donc bien naturel de la prolonger à l'origine, en supposant qu'elle y soit continue. Cette distribution prolongée n'a pas pu être définie d'un seul coup dans l'espace tout entier, car la substitution considérée n'y était pas régulière.

Considérons un autre exemple. La formule $\varphi(x)\delta(x) = \varphi(0)\delta(x)$ a été établie pour toute fonction $\varphi(x)$, indéfiniment dérivable. Il est bien naturel de l'étendre à toutes les fonctions $\varphi(x)$, continues pour $x = 0$, mais le premier membre n'est pas défini, car la multiplication par une fonction qui n'est pas indéfiniment dérivable n'est pas une opération régulière. Proprement dit, la dernière formule pourrait servir pour la définition de $\varphi(x)\delta(x)$, mais une telle définition isolée ne serait pas intéressante.

D'après les deux exemples précédents, on voit déjà qu'il serait avantageux d'avoir une méthode plus éfficace que celle des opérations régulières, de définir les opérations sur les distributions.

Les opérations qui ne sont pas régulières seront dites irrégulières. Il existe un grand nombre d'opérations irrégulières qui sont importantes dans les calculs, nous en mentionnerons quelques unes :

1° La multiplication $\varphi(x)\,\psi(x)$, entendue comme une opération sur deux fonctions;

2° La substitution $\varphi(\psi(x))$, entendue comme une opération sur deux fonctions;

3° La valeur $\varphi(x_0)$ de la fonction $\varphi(x)$ dans un point x_0;

4° La limite $\lim_{x\to x_0} \varphi(x)$ (x_0 peut être à l'infini);

5° L'intégrale $\int_{x_0}^{x} \varphi(t)dt$ dont une limite est fixe;

6° L'intégrale définie $\int_a^b \varphi(t)dt$;

7° La convolution $\varphi(x) * \psi(x)$, entendue comme une opération sur deux fonctions;

8° Transformation de Fourier $\mathcal{F}(\varphi) = \int_{-\infty}^{+\infty} e^{2\pi ixy}\varphi(x)dx$ (xy désigne le produit scalaire de x et y).

Bien entendu, on peut toujours essayer d'étendre aux distributions chacune des opérations séparément, en donnant une méthode générale qui, étant établie, donne une généralisation automatique des opérations irrégulières, ainsi que des opérations régulières.

Nous nous servirons, dans ce but de la classe Δ des suites $\delta_n(x)$, introduites au commencement du paragraphe précédent. Ces suites ont des propriétés suivantes :

1) Si $\delta_n(x)$ et $\bar{\delta}_n(x)$ sont deux suites de la classe Δ, il en est de même de la suite translacée :
$\delta_1(x), \bar{\delta}_1(x), \delta_2(x), \bar{\delta}_2(x), \dots$.

2) $[\delta_n(x)] = \delta(x)$.

3) Si f(x) est une fonction continue dans un ouvert Δ, la suite $\varphi_n(x) = \delta_n(x) * f(x)$ converge presque uniformément vers f(x).

Les deux premières propriétés sont évidentes. La propriété 3) peut être démontrée comme suit : Si I est un intervalle à l'intérieur de $\mathcal{O}$, il existe pour tout nombre $\varepsilon > 0$ un indice à partir duquel on a

$$|f(x-t)-f(x)| < \varepsilon \qquad \text{pour } x \in I \text{ et } |t| < \alpha_n .$$

Donc

$$\left|f(x) * \delta_n(x)-f(x)\right| < \int_{-\infty}^{+\infty} \left|f(x-t)-f(x)\right| \delta_n(x)dx \leq \varepsilon M,$$

ce qui prouve la convergence presque uniforme.

Notons encore la propriété suivante :

4) Pour toute suite $\delta_n(x)$ de la classe Δ et pour toute fonction indéfiniment dérivable $\varphi(x)$ telle que $\varphi(0) \neq 0$ il existe une suite $\bar{\delta}_n(x)$ de la classe Δ et une suite de nombres réels β_n, convergente vers $\varphi(0)$, telle que $\varphi(x)\delta_n(x) = \beta_n \bar{\delta}_n(x)$ pour les indices n assez grands.

Pour vérifier la propriété 4) il suffit de poser

$$\beta_n = \int_{-\infty}^{+\infty} \varphi(x)\, \delta_n(x)dx.$$

Soit maintenant f(x) une distribution arbitraire. Toute suite

$$\varphi_n(x) = \delta_n(x) * f(x)$$

sera dite suite régulière de f(x). Les suites régulières sont fondamentales, mais il existe des suites fondamentales qui ne sont pas régulières.

Soit $A(\varphi, \psi, \ldots)$ une opération, non nécessairement régulière, définie sur les fonctions indéfiniment dérivables φ; ψ,... Etant données des distributions f, g,... nous dirons que l'opération A(f,g,...) est définie pour ces distributions, lorsque, quelles soient les suites régulières $\varphi_n(x)$, $\psi_n(x)$,... de f,g,... respectivement, la suite $A(\varphi_n, \psi_n, \ldots)$ est fondamentale. On posera alors $A(f,g,\ldots) = [A(\varphi_n, \psi_n, \ldots)]$. De la propriété 1) il résulte que la distribution A(f,g,...), si elle existe, est définie univoquement pour les distributions f,g,... De plus, si l'opération A est régulière, la distribution A(f,g,..) existe toujours et coïncide avec celle dans la théorie des opérations régulières. Ceci résulte aussitôt du fait que toute suite régulière est fondamentale.

La dernière méthode d'extension est applicable à des opérations $A(\varphi, \psi, \ldots)$ qui sont définies pour toutes les fonctions φ, ψ,... indéfiniment dérivables. Mais la distribution A(f,g,...) peut alors exister ou non, suivant le choix des distributions f,g,... Par exemple le produit f(x)g(x) est défini pour toutes les fonctions continues f(x) et g(x), mais n'existe pas lorsque les deux facteurs sont égaux à la distribution $\delta(x)$ de Dirac. Généralement, le produit f(x)g(x) existe, si, quelles que soient les suites régulières $\varphi_n(x)$ et $\psi_n(x)$ de f(x) et g(x), le produit $\varphi_n(x)\,\psi_n(x)$ est toujours une suite fondamen-

~~tale~~. Alors $f(x)g(x) = [\varphi_n(x)\ \psi_n(x)]$. Cette définition embrasse toutes définitions particulières de produit qui s'imposent d'une manière naturelle (sauf les définitions qui exigent une extension de la notion de distribution).

Pareillement, la valeur au point donné x_o est une opération définie pour toutes fonctions indéfiniment dérivables (dans un domaine contenant x_o). Donc, notre méthode est applicable et donne la notion de valeur pour certaines distributions.

La méthode des suites régulières donne aussitôt un sens précis aux conditions 1° et 2° du paragraphe précédent, nécessaires pour déterminer le potentiel.

Il est intéressant de remarquer qu'en appliquant la méthode des suites régulières, la substitution $\delta(\sqrt{x^2+y^2+z^2}-R)$, considérée au paragraphe précédent, est définie pour l'espace tout entier, l'origine y conclus.

La convolution et la transformation de Fourier ne sont pas définies pour toutes les fonctions indéfiniment dérivables. Par exemple, la transformation de Fourier n'est pas définie pour la fonction $\varphi(x)=1$, car l'intégrale qui la définit, diverge. Pour cette raison une modification de la méthode précédente est avantageuse.

Supposons généralement qu'une opération $A(\varphi, \psi, \ldots)$ est définie pour toutes les fonctions indéfiniment dérivables cloches, c'est-à-dire nulles en dehors d'un compact. Dans ce cas nous remplacerons les suites régulières par des suites régulières cloches que l'on définit de la manière suivante :

Etant donnée une distribution f(x) dans l'espace tout entier, nous désignerons par $f_n(x)$ une distribution qui coïncide avec f(x) dans la boule $|x| < \gamma_n$, où γ_n est une suite de nombres divergente vers ∞, et qui est nulle en dehors de cette boule. Les distributions $f_n(x)$ existent toujours, mais ne sont pas définies univoquement.

Par une suite régulière cloche nous entendrons toute suite de la forme

$$\varphi_n(x) = \delta_n(x) * f_n(x).$$

Il est facile de voir que cette suite coïncide, sur tout compact donné, avec la suite régulière ordinaire $\delta_n(x) * f(x)$ à partir d'un indice n. Cela implique que toute suite régulière cloche est une suite fondamentale.

La transformation de Fourier d'une distribution f(x) est définie par la formule

$$\mathcal{F}(f) = \left[\mathcal{F}(\varphi_n)\right],$$

où $\varphi_n(x)$ est une suite régulière cloche de f(x). Il est facile de démontrer les propriétés fondamentales de la transformation de Fourier, en partant des propriétés analogues dans le cas des fonctions indéfiniment dérivables cloches (dont les démonstrations sont prèsque triviales et n'utilisent que les intégrales dans un intervalle borné). On a évidemment

$$-2\pi i \,\eta_j\, \mathcal{F}(\delta_n * f_n) = \mathcal{F}\left(\frac{\partial}{\partial \xi_j}(\delta_n * f_n)\right),$$

car il ne s'agit ici que des transformations de Fourier des

fonctions indéfiniment dérivables cloches. Or, on a
$\frac{\partial}{\partial \xi_j}(\delta_n * f_n) = \delta_n * \frac{\partial}{\partial \xi_j} f_n$, car pour tout δ_n fixé il n'y a dans cette formule que des itérations d'opérations régulières. Donc

$$-2i\pi \eta_j \mathcal{F}(\delta_n * f_n) = \mathcal{F}(\delta_n * \frac{\partial}{\partial \xi_j} f_n).$$

Il s'ensuit que si la suite $\mathcal{F}(\delta_n * f_n)$ est fondamentale, il en est de même de la suite $\mathcal{F}(\delta_n * \frac{\partial}{\partial \xi_j} f_n)$. Donc, si la transformée $\mathcal{F}(f)$ existe, il en est de même de $\mathcal{F}(\frac{\partial}{\partial \xi_j} f)$ et l'on a la formule

$$-2i\pi \eta_j \mathcal{F}(f) = \mathcal{F}(\frac{\partial}{\partial \xi_j} f).$$

D'autre part, on a évidemment

$$\frac{1}{2i\pi} \frac{\partial}{\partial \eta_j} \mathcal{F}(\delta_n * f_n) = \mathcal{F}(\xi_j(\delta_n * f_n)),$$

car il n'y a dans cette formule que des transformées des fonctions indéfiniment dérivables cloches. Or, on a

$$\xi_j(\delta_n * f_n) = (1+\xi_j)\delta_n * f_n - \delta_n * f_n + \delta_n * \xi_j f_n$$

d'après la théorie des opérations régulières. En vertu de la propriété 4) des suites δ_n de la classe Δ, on peut écrire, pour n assez grand, $(1+\xi_j)\delta_n = \beta_n \bar{\delta}_n$, où $\beta_n \to 1$ et $\bar{\delta}_n$ est encore une suite de la classe Δ. Donc

$$\frac{1}{2i\pi} \frac{\partial}{\partial \eta_j} \mathcal{F}(\delta_n * f_n) = \beta_n \mathcal{F}(\bar{\delta}_n * f_n) - $$

$$- \mathcal{F}(\delta_n * f_n) + \mathcal{F}(\delta_n * \xi_j f_n).$$

Si la transformée $\mathcal{F}(f)$ existe, les trois premières transformées dans la formule précédente représentent des suites fondamentales et, par conséquent, il en est de même de la transformée dernière. Donc, si la transformée $\mathcal{F}(f)$ existe, il existe aussi la transformée $\mathcal{F}(\xi_j f)$ et l'on a

$$\frac{1}{2i\pi}\frac{\partial}{\partial \eta_j}\mathcal{F}(f) = F(\xi_j f)$$

(car les deux membres intermédiaires disparaissent).

Nous avons ainsi démontré que si une distribution f est transformable, il en est de même dérivées $\frac{\partial}{\partial \xi_j} f$ et des produits $\xi_j f$. Cela entraîne que toute distribution tempérée (au sens de L.Schwartz) est transformable.

Maintenant, nous laissons de côté la transformation de Fourier et nous revenons à la notion de valeur d'une distribution dans un point. On peut démontrer que cette notion, obtenue par notre méthode, est compatible, mais moins générale que la notion introduite auparavant par S.Łojasiewicz [3]. La question surgit, s'il serait possible modifier la classe Δ des suites δ_n de sorte que la notion de valeur induite par la méthode précédente soit équivalente à celle de Łojasiewicz. Il est bien évident qu'en rétrécissant la classe Δ l'extension des opérations devient plus efficace. Nous pouvons rétrécir la classe Δ en supposant qu'elle satisfait la condition supplémentaire suivante :

4° Pour tout ordre k il existe un nombre $M_k > 0$ tel que $\alpha_n^{q+\bar{k}}|\delta_n^{(k)}(x)| < M_k$ $(n=1,2,\ldots;\ \bar{k}=\chi_1+\ldots+\chi_q)$.

Cela étant, on peut démontrer que la notion de valeur induite par la classe Δ , satisfaisant aux conditions 1°-4°, est exactement équivalente à celle de Łojasiewicz.

Il serait évidemment possible de rétrécir encore la classe Δ par l'adjonction de nouveaux conditions. Comme conséquence, on obtiendrait pour les opérations une extension encore plus large. Or, en rétrécissant la classe Δ trop, les opérations induites perdraient leurs propriétés utiles dans les calculs. Quelle est la limite raisonnable pour cette restriction? Je ne connais pas de réponse définitive.

[1] J.Mikusinski and R.Sikorski; The elementary theory of distributions (II), Rozprawy Matematyczne 25, Warszawa 1961.

[2] L.Schwartz, Théorie des distributions II, Paris 1951.

[3] S.Łojasiewicz, Sur la valeur et la limite d'une distribution dans un point, Studia Mathematica 16 (1957), 1-36.

CENTRO INTERNAZIONALE MATEMATICO ESTIVO
(C.I.M.E.)

L A U R E N T   S C H W A R T Z

PARTE I : TRASFORMATA DI FOURIER DELLE DISTRIBUZIONI

PARTE II : SPAZI DI HILBERT E NUCLEI ASSOCIATI.

Lezioni raccolte e redatte da G.Geymonat, M.Miranda e S.Zaidman

ROMA - Istituto Matematico dell'Università

LAURENT SCHWARTZ

Parte prima.

TRASFORMATA DI FOURIER DELLE DISTRIBUZIONI

Si suppongono noti i concetti fondamentali degli spazi vettoriali topologici della Teoria delle Distribuzioni, quali la definizione degli spazi $\mathcal{D}$ e $\mathcal{D}'$ la derivazione delle distribuzioni, il prodotto moltiplicativo, il prodotto di convoluzione.

Per questi argomenti in generale si veda : BOURBAKI [1], L.SCHWARTZ [1] , I.M.GELFAND-G.E.SCHILOW [1] .

1.- Notazioni.

Iniziamo richiamando alcune notazioni abbastanza abituali.

R^n : spazio reale euclideo ad n dimensioni [(1)] ;

$x = (x_1, \dots, x_n)$ elemento generico di R^n;

$r = |x| = \left(\sum_{i=1}^{n} x_i^2 \right)^{1/2}$;

$dx = dx_1 \dots dx_n$, rispetto alla misura di Lebesgue in R^n ;

$\langle x,y \rangle = x_1 y_1 + x_2 y_2 + \dots + x_n y_n$;

---

(1) La teoria potrebbe svolgersi, più in generale, assumendo, in luogo di R^n, uno spazio vettoriale n-dimensionale con una misura invariante per traslazioni.

L^1 : spazio di Banach delle (classi di) funzioni complesse sommabili in R^n con la norma :

$$\|f\|_{L^1} = \int_{R^n} |f| \, dx \quad ;$$

L^p, $1 < p < +\infty$: spazio delle (classi di) funzioni complesse di potenza p-esima sommabile in R^n con la norma

$$\|f\|_{L^p} = \left(\int_{R^n} |f|^p \, dx \right)^{1/p} \quad ;$$

L^∞ : spazio di Banach delle (classi di) funzioni complesse misurabili ed essenzialmente limitate su R^n, con la norma :

$$\|f\|_{L^\infty} = \text{vero} \sup_{x \in R^n} |f(x)| \quad ;$$

C^k : spazio vettoriale delle funzioni continue con le loro derivate fino all'ordine k in R^n;

C^∞ : spazio vettoriale delle funzioni continue e limitate con le loro derivate di tutti gli ordini su R^n;

$p = (p_1, p_2, \dots, p_n)$, p_i interi non negativi;

$|p| = p_1 + p_2 + \dots + p_n$;

$D^p = \left(\frac{\partial}{\partial x_1}\right)^{p_1} \text{-----} \left(\frac{\partial}{\partial x_n}\right)^{p_n}$

$(2 i\pi x)^p = (2 i\pi x_1)^{p_1} \cdot \text{-----} \cdot (2 i\pi x_n)^{p_n}$;

$q \leq p \Leftrightarrow q_i \leq p_i$, $i = 1, -, n$;

$p! = p_1! \cdot \text{----} \cdot p_n!$;

$\binom{p}{q} = \binom{p_1}{q_1} \cdot \text{----} \cdot \binom{p_n}{q_n}$.

Se $P(x) = \sum_p a_p x^p$ è un polinomio nelle x,

allora $P(D) = \sum_p a_p D^p$ è il polinomio differenziale associato.

Formule di Leibniz :

$$D^p(u.v) = \sum_{q \leq p} \binom{p}{q} D^q u \quad D^{p-q} v \; ;$$

$$u(D^p v) = \sum_{q \leq p} (-1)^{|p-q|} D^q(v.D^{p-q} u) \; .$$

2.- Trasformazione di Fourier in L^1.

Def.2.1.- Supponiamo $f(x) \in L^1$, allora la trasformata di Fourier di f è definita da :

$$(2.1) \qquad g(y) = \int_{R^n} f(x) \, e^{-2i\pi\langle x,y\rangle} \, dx \; .$$

Si scrive anche

$$f \xrightarrow{\mathcal{F}} g$$

$$g = \mathcal{F} f$$

Prop.2.1.- La funzione $g(y)$ è limitata e continua su R^n ; inoltre è :

$$(2.2) \qquad \|g\|_{L^\infty} \leq \|f\|_{L^1}$$

Dim. La (2.2) è ovvia e la continuità risulta dal teorema di Lebesgue sulla convergenza sotto il segno di integrale.

Prop.2.2.- Se f ed $x_1 f$ sono in L^1, allora esiste $\frac{\partial g}{\partial y_1}$ e si ha :

$$(2.3) \qquad \frac{\partial g}{\partial y_1} = \int_{R^n} e^{-2i\pi\langle x,y\rangle} f(x) \cdot (-2i\pi x_1)\, dx$$

$$(2.4) \qquad \left\| \frac{\partial g}{\partial y_1} \right\|_{L^\infty} \leq \left\| 2\pi i\, x_1\, f \right\|_{L^1} \qquad - 2\, i\pi x_1\, f \xrightarrow{\mathcal{F}} \frac{\partial g}{\partial y_1}$$

La dimostrazione si riduce alla verifica della (2.3), che si ottiene dal teorema di Lebesgue.

Segue dalle prop.2.1., 2.2., che se f, $rf, \ldots, r^m f$ (m intero positivo) appartengono ad L^1, allora la funzione $g \in C^m$ ed è limitata insieme alle sue derivate parziali fino all'ordine m.

Si ottiene anzi

$$(-2\, i\pi x)^p\, f \xrightarrow{\mathcal{F}} D^p\, g\,, \qquad |p| \leq m\,;$$

$$\left\| D^p\, g \right\|_{L^\infty} \leq \left\| (-2\, i\pi\, x)^p\, f \right\|_{L^1}.$$

<u>Def.2.2.</u>- f <u>si dice a decrescenza rapida all'infinito se</u> $r^m f \in L^1$ <u>per ogni intero positivo</u> m .

Evidentemente questo equivale al fatto che per ogni polinomio $P(x)$, sia $P(x)f \in L^1$.

<u>Se</u> f <u>è a decrescenza rapida all'infinito, allora</u> $g \in C^\infty$ <u>ed è limitata con tutte le sue derivate e vale</u>

$$P(-2\, i\pi x)\, f \xrightarrow{\mathcal{F}} P\,(D)\, g\,.$$

Abbiamo visto finora che le proprietà di decrescenza di f si traducono in proprietà di derivabilità per $\mathcal{F} f$; adesso vedremo come le proprietà di derivabilità di f si traducono in proprietà di decrescenza per $\mathcal{F} f$.

<u>Consideriamo dapprima il caso</u> n = 1.

f appartenga a C^1; f, f' $\in L^1$; anzitutto osserviamo che f(x) tende verso 0 quando x tende all'∞ . Infatti da

$$f(x) = f(a) + \int_a^x f'(t)\,dt$$

essendo f' in L^1 esiste $\int_a^{+\infty} f'(t)\,dt$ cioè esiste $\lim_{x\to+\infty} f(x)$; ma questo limite è necessariamente 0 perchè f è integrabile; analogamente per $-\infty$. Risulta così :

$$f(x) = \int_{-\infty}^{x} f'(t)\,dt = -\int_x^{+\infty} f'(t)\,dt .$$

$$\int_{-\infty}^{+\infty} f'(t)\,dt = 0$$

Si ha ora :

$$g(y) = \int_{-\infty}^{+\infty} f(x)\, e^{-2i\pi xy}\, dx$$

$$= \left[\frac{f(x)\, e^{-2i\pi xy}}{-2i\pi y}\right]_{-\infty}^{+\infty} + \int_{-\infty}^{+\infty} \frac{f'(x) e^{-2i\pi xy}}{2i\pi y}\, dx \ , \quad y \neq 0$$

$$g(y) = \int_{-\infty}^{+\infty} \frac{f'(x) e^{-2i\pi xy}}{2i\pi y}\, dx \ , \qquad y \neq 0$$

$$2\, i\pi y\, g(y) = \int_{-\infty}^{+\infty} f'(x)\, e^{-2i\pi xy}\, dx \quad \text{per ogni } y .$$

Si ha cioè

$$f' \xrightarrow{\mathcal{F}} 2\pi i\, y\, g(y)$$

e quindi

$$\| 2\, i\pi\, y\, g(y) \|_{L^\infty} \leq \| f' \|_{L^1}$$

e quindi $g(y)$ ha una certa decrescenza all'∞ .

<u>Sia ora il caso generale</u>.

Siano f ,$\frac{\partial f}{\partial x_1}$ continue ed appartenenti ad L^1, ed :

$$g(y) = \int_{R^n} f(x)\, e^{-2i\pi\langle x,y\rangle}\, dx$$

per il teorema di Fubini

$$g(y) =$$

$$= \int_{R^{n-1}} e^{-2i\pi(x_2y_2+\cdots+x_ny_n)}\, dx_2 \cdots dx_n \int_{-\infty}^{+\infty} f(x_1 - x_n) e^{-2i\pi x_1y_1} dx_1 ;$$

Per quasi tutti gli $(x_2, \cdots x_n) \in R^{n-1}$, sfruttando quanto detto per $n = 1$, si ha :

$$2i\pi y_1 \int_{-\infty}^{+\infty} f(x_1, \cdots, x_n) e^{-2i\pi x_1y_1} dx_1 =$$

$$= \int_{-\infty}^{+\infty} \frac{\partial f}{\partial x_1}\, e^{-2i\pi x_1y_1}\, dx_1$$

quindi integrando rispetto ad $x_2 - x_n$ su R^{n-1}, si ricava :

$$2i\pi y_1\, g(y) = \int_{R^n} \frac{\partial f}{\partial x_1}\, e^{-2i\pi\langle x,y\rangle}\, dx ;$$

cioè

$$\frac{\partial f}{\partial x_1} \xrightarrow{\mathcal{F}} 2i\pi y_1 g(y) .$$

Da queste considerazioni segue facilmente la seguente

<u>Prop.2.3.</u> <u>Se</u> $f \in C^m$, $D^p f \in L^1$, $|p| \leq m$, <u>e</u> $f \xrightarrow{\mathcal{F}} g$, <u>allora</u> :

$$D^p f \xrightarrow{\mathcal{F}} (2\, i\pi y)^p\, g(y) ;$$

<u>inoltre</u> g, $r\, g, \ldots, r^m g$ <u>sono continue e limitate</u>.

Oss.2.1. Se $f \in C^\infty$ e $D^p f \in L^1$ per ogni p, allora g(y) è a decrescenza rapida e si ha

$$P(D)\, f(x) \xrightarrow{\mathcal{F}} P(2\, i\pi\, y)\, g(y).$$

Si vede dunque che la trasformata di Fourier trasporta proprietà di derivabilità in proprietà di decrescenza e reciprocamente secondo il seguente schema :

Decrescenza + integrabilità $\xrightarrow{\mathcal{F}}$ derivabilità + limitatezza

derivabilità + integrabilità $\xrightarrow{\mathcal{F}}$ decrescenza + limitatezza

3.- Spazio $\mathcal{S}$.

Se vogliamo considerare un insieme di funzioni che sia invariante rispetto alla trasformata di Fourier, si introduce in modo naturale l'insieme $\mathcal{S}$ delle funzioni $\varphi \in C^\infty$ a decrescenza rapida insieme a tutte le loro derivate. In modo più preciso si pone la seguente

Def.3.1.- $\mathcal{S}$ è lo spazio delle funzioni complesse φ tali che $\varphi \in C^\infty$ e $Q(x)\, P(D)\varphi$ sia limitato su R^n, P e Q essendo due polinomi qualsiasi.

Oss.3.1. Nella definizione di $\mathcal{S}$ la condizione $Q(x)P(D)\varphi$ limitato su R^n è equivalente a $P(D)\big(Q(x)\,\varphi\big)$ limitato su R^n.

E' questa una conseguenza delle formule di Leibniz ricordate in n.1.

Oss.3.2. Se le $P(D)Q(x)\varphi$ sono tutte limitate sono anche ovviamente tutte integrabili. E' valido anche il viceversa.

Oss.3.3. $\mathcal{D} \subset \mathcal{S}$.

Lo spazio $\mathcal{S}$ è ovviamente uno spazio lineare rispetto al corpo complesso. Si introduce in questo spazio una topologia ponendo come sistema fondamentale di intorni dell'origine in $\mathcal{S}$ le intersezioni finite degli insiemi

$V(P,Q,\varepsilon)$: $\{\varphi \in \mathcal{S} : |Q(x)\ P(D)\varphi| \leq \varepsilon\}$, per ogni coppia P e Q di polinomi.

La famiglia delle seminorme $N(P,Q)\varphi = \sup_{x \in R^n} |Q(x)P(D)\varphi|$ definisce la stessa topologia. Si può dimostrare che $\mathcal{S}$ è uno spazio metrizzabile, completo e localmente convesso, cioè di Fréchet.

Con questa topologia si ha che :

La successione o il filtro $\{\varphi_k\} \subset \mathcal{S}$, converge verso 0 in $\mathcal{S}$, se P e Q essendo polinomi qualsiasi, risulta che $\{Q(x)\ P(D)\ \varphi_k\}$ tende a zero uniformemente su R^n; oppure che $\{P(D)\ (Q(x)\varphi_k)\}$ tende a zero uniformemente su R^n.

Oss.3.4. La condizione " $\{P(D)(Q(x)\ \varphi_k)\}$ tende a zero uniformemente su R^n" è equivalente alla condizione " $\{P(D)(Q(x)\ \varphi_k)\}$ tende a zero in L^1".

Oss.3.5. $\mathcal{S}$ è uno spazio di distribuzioni cioè un sottospazio di $\mathcal{D}'$ con una topologia più fine di quella indotta da $\mathcal{D}'$. Di più $\mathcal{S}$ è uno spazio normale di distribuzioni, perchè vale la

Prop.3.1.- $\mathcal{D}$ è denso in $\mathcal{S}$, nella topologia di $\mathcal{S}$.

Dim. Consideriamo una successione $\{\alpha_k\} \subset \mathcal{D}$ di funzioni che godono delle seguenti proprietà :

1°) $\alpha_k(x) = 1$ per $|x| \leq k$

2°) $\alpha_k(x) = 0$ per $|x| \geqslant k+1$

3°) le α_k sono uniformemente limitate e così ciascuna delle loro derivate.

Prendendo un qualsiasi $\varphi \in \mathcal{S}$ la successione $\{\alpha_k \varphi\} \subset \mathcal{S}$ converge verso φ in $\mathcal{S}$. Infatti $\dfrac{D^p(\alpha_k - 1)}{1+r^2}$ tende a zero uniformemente su R^n; quindi, poichè, per qualunque P e Q,

$$Q(x)\, P(D)\, ((\alpha_k - 1)\varphi)$$

è somma di un numero finito di termini del tipo

$$Q(x)\, P^1(D)(\alpha_k - 1) \,.\, P^2(D)\varphi =$$

$$= (1+r^2)\, Q(x)\, \frac{P^1(D)(\alpha_k - 1)}{1+r^2}\, P^2(D)\varphi ,$$

i quali tendono a zero uniformemente su R^n, essendo $(1+r^2)Q(x)P^2(D)\varphi$ limitato su R^n, allora anche $Q(x)P(D)((\alpha_k - 1)\varphi)$ tende a zero uniformemente su R^n, e cioè $\alpha_k \varphi$ tende verso φ in $\mathcal{S}$.

Essendo $\mathcal{S}$ uno spazio normale di distribuzioni il suo duale, $\mathcal{S}'$ è esso stesso uno spazio di distribuzioni, che diremo spazio delle <u>distribuzioni temperate</u>. Come esempio di distribuzioni temperate si hanno le <u>funzioni a crescenza lenta</u>, cioè le funzioni della forma

$$f = (1+r^2)^k\, g \quad \text{con } g \text{ limitata.}$$

Di più ogni derivata di distribuzione temperata è una distribuzione temperata come si vede da :

$$\langle P(D)T , \varphi\rangle = \langle T, P(-D)\varphi\rangle \quad , \forall \varphi \in \mathcal{S}.$$

Quindi tutte le derivate (nel senso delle distribuzioni) delle funzioni a crescenza lenta sono distribuzioni temperate, anzi ogni distribuzione temperata si può rappresentare come somma di derivate di funzioni a crescenza lenta. Per la dimostrazione di quest'ultimo fatto rinviamo a Schwartz [1] , chap.VII.

4.- La trasformata di Fourier in $\mathcal{S}$ ed in $\mathcal{S}'$.

Per come abbiamo definito lo spazio $\mathcal{S}$ esso risulta, per le considerazioni svolte, invariante per trasformata di Fourier, più precisamente vale :

Prop.4.1.- $\mathcal{F} : \mathcal{S} \to \mathcal{S}$ è una applicazione lineare e continua.

Siano $\varphi, \psi \in L^1$, allora vale :

$$\langle \mathcal{F}\varphi, \psi\rangle = \langle\varphi , \mathcal{F}\psi\rangle$$

Infatti

$$\begin{aligned}\langle \mathcal{F}\varphi, \psi\rangle &= \int \psi(y)\, dy \int \varphi(x)\, e^{-2i\pi\langle x,y\rangle}\, dx = \\ &= \int \varphi(x)\, dx \int \psi(y)\, e^{-2i\pi\langle x,y\rangle}\, dy = \\ &= \langle \varphi , \mathcal{F}\psi\rangle.\end{aligned}$$

Allora introduciamo naturalmente per le distribuzioni temperate la seguente

<u>Def.4.1.</u>- <u>Se</u> $T \in \mathcal{S}'$, <u>la sua trasformata di Fourier è una distribuzione temperata</u> $\mathcal{F}T$ <u>definita da</u> :

$$\langle \mathcal{F}T, \varphi \rangle = \langle T, \mathcal{F}\varphi \rangle \quad , \quad \forall \varphi \in \mathcal{S}.$$

La distribuzione $\mathcal{F}T$ è infatti temperata per la prop.4.1. $T \to \mathcal{F}T$ è dunque così definita in $\mathcal{S}'$ come applicazione trasposta (aggiunta) della $\varphi \to \mathcal{F}\varphi$ in $\mathcal{S}$.

<u>Esempi</u>.

1°) $$\langle \mathcal{F}\delta, \varphi \rangle = \langle \delta, \mathcal{F}\varphi \rangle = \langle \delta_x, \int e^{-2i\pi\langle x,y\rangle} \varphi(y)dy \rangle = \int \varphi(y)\, dy = \langle 1, \varphi \rangle$$

quindi

$$\mathcal{F}\delta = 1$$

Analogamente si dimostrano le formule :

$$\mathcal{F}\frac{\partial\delta}{\partial x_k} = 2\pi i\, y_k$$

$$\mathcal{F}(P(D)\delta) = P(2i\pi y)$$

$$\mathcal{F}(\delta_{(a)}) = e^{-2i\pi\langle a,y\rangle}$$

5.- <u>Spazio $\mathcal{S}'$</u> .

Lo spazio $\mathcal{S}'$ delle distribuzioni temperate è ovviamente lineare. In esso, in quanto spazio duale, si possono introdurre due topologie, la topologia debole e la topologia forte, come è ben noto. Si ha allora che :

la successione o il filtro $\{T_k\} \subset \mathcal{S}'$ converge debolmente verso 0 se per ogni $\varphi \in \mathcal{S}$ si ha $\lim \langle T_k, \varphi \rangle = 0$,
la successione o il filtro $\{T_k\} \subset \mathcal{S}'$ converge fortemente verso 0 quando è $\lim \langle T_k, \varphi \rangle = 0$, uniformemente al variare di φ in un insieme limitato qualunque di $\mathcal{S}$.

Dimostriamo ora il seguente

Teor.5.1.- $\mathcal{D}$ è denso in $\mathcal{S}'$ per la topologia debole di $\mathcal{S}'$.

La dimostrazione si ottiene sfruttando un teorema degli spazi lineari topologici (1) ed osservando che l'iniezione di $\mathcal{S}$ in $\mathcal{D}'$ è continua ed ha come trasposta l'iniezione di $\mathcal{D}$ in $\mathcal{S}'$ (2).

6.- Proprietà della trasformata di Fourier in $\mathcal{S}'$.

Prop.6.1.- L'operazione $\mathcal{F} : \mathcal{S}' \to \mathcal{S}'$ è continua debolmente e fortemente.

Basta pensare che $\mathcal{F} : \mathcal{S}' \to \mathcal{S}'$ è per definizione la trasposta di $\mathcal{F} : \mathcal{S} \to \mathcal{S}$.

Prop.6.2.- Se $U \xrightarrow{\mathcal{F}} V$ allora $P(D)U \xrightarrow{\mathcal{F}} P(2\pi i y) V$, $Q(-2i\pi x)U \xrightarrow{\mathcal{F}} Q(D)V$, per ogni $U \in \mathcal{S}'$, e P, Q polinomi qual-

---

(1) Se $u : E \to F$ è una applicazione lineare e continua dello s.l.t. E nello s.l.t. F allora la trasposta ${}^t u : F' \to E'$ è una applicazione lineare debolmente e fortemente continua, inoltre se u è una iniezione, l'immagine ${}^t u(F')$ di F' in E' è debolmente densa in E'.

(2) Si ricordi che, per la riflessità di $\mathcal{D}$, $\mathcal{D}$ è il duale di $\mathcal{D}'$.

siasi.

Ricordando che queste formule sono valide per $U \in \mathscr{S}$, che $\mathscr{F}$ è continua debolmente in $\mathscr{S}'$, e che $\mathscr{S}$ è debolmente denso in $\mathscr{S}'$, il risultato è valido. Una dimostrazione puramente algebrica è la seguente, che noi faremo solo in un caso.

$$\langle \mathscr{F}(P(D)\, U), \varphi \rangle = \langle P(D)\, U, \mathscr{F}\varphi \rangle = \langle U, P(-D)\mathscr{F}\varphi \rangle =$$

$$= \langle U\,,\ \mathscr{F}\,(P(2i\pi\, y)\varphi\,) \rangle = \langle \mathscr{F}\, U, P(2i\pi\, y)\varphi \rangle =$$

$$= \langle V\,,\ P\,(2i\pi\, y)\varphi \rangle = \langle P(2i\pi\, y)V, \varphi \rangle\,, \quad \forall \varphi \in \mathscr{S}$$

Def.6.1.- Data la distribuzione U , si definisce la traslata $\tau_a U$ rispetto al vettore fissato $a \in R^n$ con la formula :

$$\langle \tau_a\, U\,, \varphi \rangle = \langle U\,, \tau_{-a}\, \varphi \rangle\,, \qquad \forall \varphi \in \mathscr{D}$$

$$(\tau_a \varphi\,)\,(x) = \varphi\,(x-a)\,.$$

Prop.6.3.- $\tau_a\, U \xrightarrow{\mathscr{F}} e^{-2i\pi \langle a,y \rangle}\, V\,;$

$$e^{2i\pi \langle a,x \rangle}\, U \xrightarrow{\mathscr{F}} \tau_a\, V\,.$$

Questa proposizione si dimostra analogamente alla prop.5.2.

7.- Formula di reciprocità di Fourier.

Lemma 7.1.- $e^{-\pi |x|^2} \xrightarrow{\mathscr{F}} e^{-\pi |y|^2}$.

La dimostrazione del caso generale si riduce alla dimostrazione del caso n = 1. Per questo caso si ha, ponendo

$$f(x) = e^{-\pi x^2},$$

$$f' + 2\pi x f = 0 ;$$

eseguendo ora la trasformata di Fourier :

$$2 i \pi y g + i g' = 0 , \quad \text{ove} \quad f \xrightarrow{\mathcal{F}} g ,$$

e quindi

$$g' + 2\pi y g = 0$$

cioè $g = \text{cost.}\ e^{-\pi y^2}$, $\text{cost.} = g(0) = \int_{-\infty}^{+\infty} e^{-\pi x^2} dx = 1.$

<u>Lemma 7.2.-</u> <u>Se</u> $f(x) \xrightarrow{\mathcal{F}} g(y)$, <u>allora</u>

$$f(k x) \xrightarrow{\mathcal{F}} \frac{1}{k^n} g\left(\frac{y}{k}\right) \quad , \quad k > 0 , f \in L^1 , n = \dim. R^n .$$

<u>Lemma 7.3.-</u> $1 \xrightarrow{\mathcal{F}} \delta$.

<u>Dim.</u> Dai lemmi 7.1., 7.2., si ha

$$e^{-\varepsilon |x|^2} \xrightarrow{\mathcal{F}} \left(\sqrt{\frac{\pi}{\varepsilon}}\right)^n e^{-\pi \left|\sqrt{\frac{\pi}{\varepsilon}}\, y\right|^2} = \left(\sqrt{\frac{\pi}{\varepsilon}}\right)^n e^{-\frac{\pi^2}{\varepsilon}|y|^2}$$

Al tendere di ε a 0 si ha che $e^{-\varepsilon |x|^2} \longrightarrow 1$ debolmente in $\mathcal{S}'$, mentre $\left(\sqrt{\frac{\pi}{\varepsilon}}\right)^n e^{-\frac{\pi^2}{\varepsilon}|y|^2} \longrightarrow \delta$ debolmente in $\mathcal{S}'$, come si vede facilmente passando al limite sotto il segno di integrale.

Siccome $\mathcal{F}$ è debolmente continua da $\mathcal{S}'$ in $\mathcal{S}'$ si ha

$$1 \xrightarrow{\mathcal{F}} \delta .$$

<u>Def.7.1.-</u> <u>Per</u> $\varphi \in \mathcal{S}$ <u>si definisce la coniugata</u> $\overline{\mathcal{F}}$ <u>della trasformata di Fourier, con la formula</u> :

$$\overline{\mathcal{F}}\varphi = \int_{R^n} e^{2i\pi\langle x,y\rangle}\varphi(x)\,dx .$$

Si estende questa definizione ad $\mathcal{S}'$ analogamente a quanto fatto per $\mathcal{F}$. Possiamo ora enunciare il seguente importante

<u>Teorema 7.1.-</u> (<u>di reciprocità</u>). <u>L'applicazione</u>

$$\mathcal{F} : \mathcal{S}' \longrightarrow \mathcal{S}'$$

<u>è una biiezione la cui inversa è</u>

$$\overline{\mathcal{F}} : \mathcal{S}' \longrightarrow \mathcal{S}'$$

<u>e cioè</u> $\mathcal{F}\circ\overline{\mathcal{F}} = I$, $\overline{\mathcal{F}}\circ\mathcal{F} = I$,

$$U \xrightarrow{\mathcal{F}} V, \qquad V \xrightarrow{\overline{\mathcal{F}}} U .$$

<u>Inoltre</u> $\mathcal{F}$ <u>ed</u> $\overline{\mathcal{F}}$ <u>sono isomorfismi algebrici e topologici</u>.

<u>Dim.</u> Basta dimostrare il teorema in $\mathcal{S}$. Infatti :

$$\langle \overline{\mathcal{F}}(\mathcal{F}\,U), \varphi\rangle = \langle \mathcal{F}\,U, \overline{\mathcal{F}}\varphi\rangle =$$

$$= \langle U, \mathcal{F}(\overline{\mathcal{F}}\varphi)\rangle = \langle U, \varphi\rangle, \quad \forall\varphi\in\mathcal{S},\ U\in\mathcal{S}'.$$

Dimostriamo ora il teorema in $\mathcal{S}$. A ciò, sia $\varphi\in\mathcal{S}$, $\psi = \mathcal{F}\varphi$, abbiamo, dalla Prop.6.3. e dal Lemma 7.3. :

$$\varphi(a) = \langle\delta_{(a)}, \varphi\rangle = \langle\mathcal{F}(e^{2i\pi\langle a,y\rangle}), \varphi\rangle =$$

$$= \langle e^{2i\pi\langle a,y\rangle}, \psi\rangle = \int\psi(y)\,e^{2i\pi\langle a,y\rangle}\,dy =$$

$$= (\overline{\mathcal{F}}\,\psi)(a) .$$

8.- Formula di Parseval.

Ricordiamo che lo spazio L^2 è un sottospazio di $\mathcal{S}'$ con una topologia più fine, e che in generale valgono le inclusioni algebriche e topologiche

$$\mathcal{D} \subset \mathcal{S} \subset L^p \subset \mathcal{S}' \subset \mathcal{D}' , \quad 1 \leq p \leq +\infty .$$

Vale allora il seguente

Teor.8.1.- 1°) $f \in L^2 \xrightarrow{\mathcal{F}} g \in L^2$;

2°) $\|f\|_{L^2} = \|g\|_{L^2}$;

3°) se $\left\{\begin{matrix} f \xrightarrow{\mathcal{F}} F \\ g \xrightarrow{\mathcal{F}} G \end{matrix}\right\}$ allora $\int f\,\bar{g}\,dx = \int F\bar{G}\,dy$.

Si vede così che $\mathcal{F}$ è una biiezione unitaria di L^2 in L^2 .

Dim. Siano $\varphi , \psi \in \mathcal{S}$, $\Phi = \mathcal{F}\varphi$, $\Psi = \mathcal{F}\psi$;

$$\begin{aligned}\int \varphi(x)\,\bar{\psi}(x)\,dx &= \int \varphi(x)\,dx \int \overline{\Psi(y)\,e^{-2i\pi\langle x,y\rangle}}\,dy \\ &= \int \bar{\Psi}(y)\,dy \int \varphi(x)\,e^{-2i\pi\langle x,y\rangle}\,dx \\ &= \int \bar{\Psi}(y)\,\Phi(y)\,dy\end{aligned}$$

Sia ora $f \in L^2$, siccome $\mathcal{S}$ è denso in L^2 esiste una successione $\{\varphi_n\} \subset \mathcal{S}$, $\varphi_n \longrightarrow f$ in L^2 e quindi in $\mathcal{S}'$; allora se $\Phi_n = \mathcal{F}\varphi_n$, $F = \mathcal{F} f$, abbiamo

$$\Phi_n \longrightarrow F \text{ in } \mathcal{S}'$$

per la continuità della trasformata di Fourier in $\mathcal{S}'$; ma $\{\varphi_n\}$

è una successione di Cauchy in L^2, risulta quindi per l'uguaglianza di Parseval dimostrata in $\mathcal{S}$, che anche $\{\Phi_n\}$ è una successione di Cauchy in L^2. Sia $H \in L^2$ il limite di $\{\Phi_n\}$ in L^2, ed a fortiori in $\mathcal{S}'$, allora $F = H$ e quindi $F \in L^2$ e di più

$$\|F\|_{L^2} = \|H\|_{L^2} = \lim_{n\to\infty} \|\Phi_n\|_{L^2} = \lim_{n\to\infty} \|\varphi_n\|_{L^2} = \|f\|_{L^2}$$

9.- <u>Moltiplicazione e convoluzione in</u> $\mathcal{S}'$.

9.1.- E' noto che per le distribuzioni qualunque è definito il prodotto con una funzione indefinitamente differenziabile arbitraria. Tuttavia il prodotto di una distribuzione temperata per una funzione indefinitamente differenziabile non è detto che sia una distribuzione temperata, come si vede considerando il prodotto $e^{x^2} . T$, $T \in \mathcal{S}'$, che <u>non sempre</u> è una distribuzione temperata.

Diamo ora la seguente

<u>Def.9.1.- Diremo che la funzione</u> α <u>è un moltiplicatore di</u> $\mathcal{S}'$, <u>se e soltanto se</u> :

i) $\alpha \in C^\infty$

ii) per ogni $P(D)$ esiste almeno un $Q(x)$ tale che $|P(D)\alpha| \leq Q(x)$.

<u>L'insieme dei moltiplicatori si indica con</u> $\mathcal{O}_M$.

Si ricava facilmente da ii) che per ogni $P(D)$ esiste almeno un $Q(x)$ per cui

$P(D)\alpha = Q(x)\beta$ con β funzione continua e limitata ovvero $\beta \in L^1$.

Es. Ovviamente $e^{\pi i |x|^2} \in \mathcal{O}_M$.

Prop.9.1.- 1°) Se $\varphi \in \mathcal{S}$, $\alpha \in \mathcal{O}_M$, allora $\alpha\varphi \in \mathcal{S}$.

2°) Se $\varphi_n \longrightarrow 0$ in $\mathcal{S}$, $\alpha\varphi_n \longrightarrow 0$ in $\mathcal{S}$.

La dimostrazione è ovvia; si vede così che $\alpha \longrightarrow \alpha\varphi$ è una operazione lineare e continua di $\mathcal{S}$ in $\mathcal{S}$.

Adesso, se $T \in \mathcal{S}'$, $\alpha \in \mathcal{O}_M$, la distribuzione αT definita da

$$\langle \alpha T , \varphi \rangle = \langle T , \alpha\varphi \rangle \qquad , \forall \varphi \in \mathcal{S},$$

è in $\mathcal{S}'$, e l'applicazione $\alpha : \mathcal{S}' \longrightarrow \mathcal{S}'$ è lineare e continua.

Si può dimostrare che se $\alpha \in \mathcal{E}$ e per ogni $T \in \mathcal{S}'$, $\alpha T \in \mathcal{S}'$ allora $\alpha \in \mathcal{O}_M$.

Introduciamo ora una topologia nello spazio $\mathcal{O}_M$. E' chiaro che $\alpha \longrightarrow \{\alpha\}$ è una operazione di $\mathcal{L}(\mathcal{S};\mathcal{S})$(1) cioè $\mathcal{O}_M$ è un sottospazio lineare di $\mathcal{L}(\mathcal{S};\mathcal{S})$. La topologia $\mathcal{L}_b(\mathcal{S};\mathcal{S})$ induce su $\mathcal{O}_M$ la topologia delle convergenza uniforme sugli insiemi limitati, e dunque una successione o un filtro $\{\alpha_j\} \rightarrow 0$ in $\mathcal{O}_M$ se e soltanto se per ogni $\varphi \in \mathcal{S}$, $\alpha_j\varphi \longrightarrow 0$ in $\mathcal{S}$ ed uniformemente quando φ percorre un qualunque insieme limitato in $\mathcal{S}$.

Diremo ora che una successione $\{\alpha_j\} \subset \mathcal{O}_M$ converge elementarmente se per ogni polinomio P(x) esiste un polinomio Q(x) tale che

---

(1) $\mathcal{L}(E,F)$ è lo spazio vettoriale delle applicazioni lineari ./.

i) $P(D)\alpha_j \longrightarrow 0$ uniformemente su ogni compatto

ii) $|P(D)\alpha_j(x)| \leq Q(x)$, $\forall x \in R^n$

Si osservi che una successione $\{\alpha_j\} \subset \mathcal{O}_M$ converge elementarmente se e soltanto se per ogni polinomio P(x) esiste un polinomio $Q_1(x)$ tale che

iii) $$\frac{P(D)\alpha_j(x)}{Q_1(x)} \longrightarrow 0 \quad \text{uniformemente su } R^n .$$

Infatti sia dato P(x) ed esista Q(x) essendo soddisfatti i),ii) allora se $Q(x) = Q(x)\ (1+r^2)$ si ha

$$\frac{P(D)\alpha_j(x)}{Q(x)(1+r^2)} \longrightarrow 0 \quad \text{uniformemente su } R^n .$$

Viceversa si può dimostrare che da iii) seguono i) ed ii).

E' immediato che una successione $\{\alpha_j\} \subset \mathcal{O}_M$ convergente elementarmente converge anche nella topologia di $\mathcal{O}_M$. Viceversa si può dimostrare che ogni <u>successione</u> convergente nella topologia di $\mathcal{O}_M$ converge <u>elementarmente</u>; tale dimostrazione è però difficile e noi la omettiamo.

Osserviamo inoltre che l'applicazione

$$(\alpha, T) \longrightarrow \alpha T \quad \text{di} \quad \mathcal{O}_M \times \mathcal{S} \to \mathcal{S} \text{ e}$$

di $\mathcal{O}_M \times \mathcal{S}' \longrightarrow \mathcal{S}'$ è bilineare separatamente continua.

./.
e continue di E in F. Ricordiamo che in esso si introducono diverse topologie; ad es. $\mathcal{L}_b(E,F)$ è lo stesso spazio vettoriale ove si è introdotto la topologia della convergenza uniforme sugli insiemi limitati di E.

9.2.- E' noto che per una distribuzione qualunque T è definita la convoluzione $T * \alpha$ con una funzione α di $\mathcal{D}$; non è però definita in generale la convoluzione fra due distribuzioni. Si pone allora naturalmente il problema di trovare una classe di distribuzioni per le quali si possa definire il prodotto di convoluzione con una distribuzione temperata, ed il risultato sia ancora una distribuzione temperata. Una tale classe è formata dalle <u>distribuzioni a decrescenza rapida</u>; cioè la classe $\mathcal{O}'_C$ definita da :

<u>Def.9.2.-</u> $S \in \mathcal{O}'_C$ <u>se per ogni polinomio</u> $Q(x)$ <u>esiste almeno un</u> m <u>finito ed un sistema</u> $\{f_p\}$, $|p| \leq m$, <u>di funzioni continue e limitate su</u> R^n <u>per le quali sia</u> :

$$Q(x)\,S = \sum_{|p| \leq m} D^p f_p \ .$$

Un esempio di distribuzioni a decrescenza rapida è dato da $e^{i\pi |x|^2}$ come si vede subito dalla relazione

$$H_m(x)\, e^{i\pi |x|^2} = D^m(e^{i\pi |x|^2}),$$ dove $H_m(x)$ è un polinomio

$\mathcal{O}'_C$ è ovviamente uno spazio lineare e valgono le seguenti inclusioni algebriche

$$\mathcal{S} \subset \mathcal{O}'_C \subset \mathcal{S}' .$$

Osserviamo che nella def.9.2. si può richiedere alle funzioni f_p di essere integrabili. Infatti, per ogni $Q(x)$ ed ogni k, si ha

$$(1+|x|^2)^k\, Q(x)\, S = \sum_{|p|\leq m} D^p f_{p,k}$$

$$Q(x)\, S = \sum_{|p|\leq m} \frac{1}{(1+|x|^2)^k} D^p f_{p,k}$$

quindi, per la seconda formula di Leibniz, può scriversi

$$\frac{1}{(1+|x|^2)^k} D^p f_{p,k} = \sum_{q\leq p} D^q \left(\frac{1}{(1+|x|^2)^k} \tilde{f}_{p,q}\right)$$

con $\tilde{f}_{p,q}$ continue e limitate e quindi si ha :

$$Q(x)\, S = \sum_{|l|\leq m} D^l \left(\frac{f_l}{(1+x^2)^k}\right)$$

con le f_l limitate e continue.

In particolare per ogni k possiamo scrivere :

(9.1) $\quad S = \sum_{|l|\leq m} D^l \frac{f_l}{(1+|x|^2)^k}$, con le f_l limitate e continue.

Se vogliamo definire il prodotto di convoluzione fra $S\in \mathcal{O}'_C$ e $\varphi\in \mathcal{S}$, in modo da avere una naturale estensione delle proprietà che questo ha se $\varphi\in\mathcal{D}$, siamo indotti a porre

$$S*\varphi = \sum_{|l|\leq m} D^l \left(\frac{f_l}{(1+|x|^2)^k}\right)*\varphi =$$

$$= \sum_{|l|\leq m} \frac{f_l}{(1+|x|^2)^k} * D^l\varphi =$$

$$= \sum_{|l|\leq m} \int D^l \varphi(x-\xi) \frac{f_l(\xi)}{(1+|\xi|^2)^k}\, d\xi \quad .$$

Osserviamo ora che gli integrali scritti hanno senso se $k>\frac{n}{2}$.

Quindi se consideriamo fissi $k>\frac{n}{2}$ e la decomposizione, abbiamo una definizione di $*$, per cui :

$$|(S * \varphi)(x)| \leq M$$

inoltre, per il teorema di Lebesgue, $S * \varphi$ è continua. Sempre per il teorema di Lebesgue $S * \varphi$ è indefinitamente derivabile e vale :

$$P(D)(S * \varphi) = \sum_{|l| \leq m} \int P(D)\, D^l \varphi(x-\xi) \frac{f_l(\xi)}{(1+|\xi|^2)^k}\, d\xi$$

$$= S * P(D)\varphi ,$$

inoltre tutte le derivate sono limitate.

Quindi

$$\varphi \longrightarrow S * \varphi$$

è una applicazione $\mathcal{S} \to \mathcal{B}$ (1); si vede inoltre che essa è continua. Osservando che tale applicazione in $\mathcal{D}$ è proprio il prodotto di convoluzione e che $\mathcal{D}$ è denso in $\mathcal{S}$, si ha che essa è indipendente dal k e dalla decomposizione che interviene nella particolare rappresentazione di S data dalla (9.1). Siamo ora in grado di far vedere che in più $\varphi \longrightarrow S * \varphi$ è una applicazione lineare e continua di $\mathcal{S}$ in $\mathcal{S}$. Infatti facciamo vedere che $S * \varphi$ è a decrescenza rapida dall'∞ insieme con tutte le sue derivate.

Per ogni h, P(D) si ha :

---

(1) $\mathcal{B}$ è lo spazio delle funzioni indefinitamente derivabili, limitate con le loro derivate di ogni ordine, con la convergenza uniforme su R^n di tutte le derivate (ma non uniforme rispetto all'ordine di derivazione).

$$(1+|x|^2)^h |P(D)(S * \varphi)| = (1+|x|^2)^h |(S * P(D)\varphi)| =$$

$$= \sum_{|l| \leq m} \left| \int P(D) D^l \varphi(x-\xi) \frac{f_l(\xi)}{(1+|\xi|^2)^k} (1+|x|^2)^h d\xi \right| \leq^{(1)}$$

$$\leq \sum_{|l| \leq m} 2 \int |P(D) D^l \varphi(x-\xi)| (1+|x-\xi|^2)^h \frac{|f_l(\xi)|}{(1+|\xi|^2)^{k-h}} d\xi ;$$

se $k > h + \frac{n}{2}$, si ha che l'integrale converge, quindi l'asserto.

Allo stesso modo si fa vedere la continuità dell'applicazione.

Possiamo ora porre la seguente

<u>Def.9.3.</u>- <u>Per</u> $S \in \mathcal{O}'_C$, $T \in \mathcal{S}'$, $\varphi \in \mathcal{S}$ <u>si ha</u> :

$$\langle S * T, \varphi \rangle = \langle T, \check{S} * \varphi \rangle^{(2)} .$$

Questa è una applicazione lineare e continua di $\mathcal{S}'$ in $\mathcal{S}'$.

Analogamente a quanto visto per $\mathcal{O}_M$ su $\mathcal{O}'_C$ si ha la topologia indotta da $\mathcal{L}_b(\mathcal{S};\mathcal{S})$ che è equivalente a quella indotta da $\mathcal{L}_b(\mathcal{S}';\mathcal{S}')$.

<u>Data una successione</u> $\{S_j\} \subset \mathcal{O}'_C$ <u>si dice che</u> $S_j \to 0$ <u>in</u> $\mathcal{O}'_C$ <u>elementarmente, se esiste un</u> m <u>finito e per ogni</u> Q(x),

$$Q(x)\, S_j = \sum_{|p| \leq m} D^p f_{p,j}$$

<u>e le</u> $f_{p,j}$ <u>convergono a</u> 0 <u>uniformemente su</u> R^n.

---

(1) Si ha immediatamente

$$1+(a+b)^2 \leq 2(1+a^2)(1+b^2)$$

(2) $\langle \check{S}, \varphi \rangle = \langle S, \check{\varphi} \rangle$, $\check{\varphi}(x) = \varphi(-x)$, per $\varphi \in \mathcal{D}$ ovvero $\varphi \in \mathcal{S}$ se S è temperata.

Si può dimostrare che

se la successione $S_j \to 0$ in $\mathcal{O}'_C$ elementarmente allora essa tende a 0 in $\mathcal{O}'_C$ (nella topologia). Vale anche la reciproca ma la dimostrazione è anche qui difficile e viene omessa.

Dimostriamo ora che :

Prop.9.2.- $\mathcal{O}_M \underset{\overline{\mathcal{F}}}{\overset{\mathcal{F}}{\longleftrightarrow}} \mathcal{O}'_C$.

1°) Se $\alpha \in \mathcal{O}_M$ allora $\mathcal{F}\alpha \in \mathcal{O}'_C$.

Infatti per tutti i Q abbiamo :

$$\begin{aligned} Q(2i\pi\, y)\mathcal{F}\alpha &= \mathcal{F}(Q(D)\alpha\,) = \\ &= \mathcal{F}(P(-2i\pi\, x)\beta\,) & \beta \in L^1 \\ &= P(D)\mathcal{F}\beta & \mathcal{F}\beta \in L^\infty \end{aligned}$$

2°) se $S \in \mathcal{O}'_C$ allora $\mathcal{F}S \in \mathcal{O}_M$. La dimostrazione è analoga.

Osserviamo che $\mathcal{F}$ ed $\overline{\mathcal{F}}$ trasformano successioni convergenti elementarmente in $\mathcal{O}_M$ in successioni convergenti elementarmente in $\mathcal{O}'_C$ e viceversa e che, per la convergenza elementare, $\mathcal{S}$ è denso in $\mathcal{O}'_C$.

9.3.- Teor.9.1.- Se $S \in \mathcal{O}'_C$, $T \in \mathcal{S}'$ allora è :

$$\mathcal{F}(S * T) = \mathcal{F}S \,.\, \mathcal{F}T \;; \tag{9.2}$$

se $\alpha \in \mathcal{O}_M$, $U \in \mathcal{S}'$ allora è

$$\mathcal{F}(\alpha\, U) = \mathcal{F}\alpha * \mathcal{F}U \,. \tag{9.3}$$

Dim.- Dimostreremo la (9.2), poichè la (9.3) si ottiene poi per reciprocità. Siano ora $\varphi , \psi \in \mathcal{S}$:

$$\begin{aligned}\mathcal{F}(\varphi * \psi) &= \int e^{-2i\pi\langle x,y\rangle} (\varphi * \psi)dx \\ &= \int e^{-2i\pi\langle x,y\rangle} dx \int \varphi(x-\xi)\,\psi(\xi)d\xi \\ &= \int \psi(\xi)e^{-2i\pi\langle \xi,y\rangle} d\xi \int \varphi(x-\xi)e^{-2i\pi\langle x-\xi,y\rangle} d(x-\xi) \\ &= \mathcal{F}\varphi \cdot \mathcal{F}\psi .\end{aligned}$$

Sia $S \in \mathcal{O}'_C$ e sia $\varphi_j \to S$ in $\mathcal{O}'_C$ <u>elementarmente</u>; allora si ha: $\mathcal{F}(\varphi_j * \psi) = \mathcal{F}\varphi_j \cdot \mathcal{F}\psi$.

$\mathcal{F}\varphi_j \to \mathcal{F}S$ elementarmente in $\mathcal{O}_M$, quindi per passaggio al limite (elementarmente) :

$$\mathcal{F}(S * \psi) = \mathcal{F}S \cdot \mathcal{F}\psi .$$

Sia $S \in \mathcal{O}'_C$ e $T \in \mathcal{S}'$, $\{\psi_j\} \subset \mathcal{S}$ e $\psi_j \to T$ in $\mathcal{S}'$; allora

$$\mathcal{F}(S * \psi_j) = \mathcal{F}S \cdot \mathcal{F}\psi_j ;$$

passando al limite, si ha :

$$\mathcal{F}(S * T) = \mathcal{F}S \cdot \mathcal{F}T .$$

<u>Osservazione 1</u>. $\mathcal{F}$ ed $\overline{\mathcal{F}}$ sono biiezioni di $\mathcal{O}_M$ in $\mathcal{O}'_C$ anche in senso topologico, cioè isomorfismi algebrici e topologici. Infatti è noto che il filtro α_j converge verso zero in $\mathcal{O}_M$ se $\alpha_j\varphi$ converge verso 0 in $\mathcal{S}$ uniformemente per φ limitato in $\mathcal{S}$ e che S_j converge verso zero in $\mathcal{O}'_C$ se $S_j * \psi$ converge verso 0 in $\mathcal{S}$ uniformemente per ψ limitato in $\mathcal{S}$; poichè $\mathcal{F}$ applica un insieme limitato di $\mathcal{S}$ in un insieme limitato di $\mathcal{S}$ e trasforma la moltiplicazione in convoluzione, allora la trasformazione $\mathcal{F}$ risulta bicontinua fra $\mathcal{O}_M$ e $\mathcal{O}'_C$.

<u>Osservazione 2</u>. Consideriamo la distribuzione

$$e^{i\pi x^2} \in \mathcal{O}_M$$

si ha che $\mathcal{F}(e^{i\pi x^2}) = \frac{1+i}{\sqrt{2}} e^{-i\pi y^2}$

Poichè $\int e^{i\pi x^2} e^{-i\pi x^2} dx$ è divergente si vede quindi che $\mathcal{O}_M$ ed $\mathcal{O}'_C$ non sono duali uno dell'altro.

Per quanto riguarda i duali di $\mathcal{O}_M$ e di $\mathcal{O}'_C$ (risp. $\mathcal{O}'_M$, $\mathcal{O}_C$) si hanno le inclusioni di carattere algebrico e topologico :

$$\mathcal{O}_C \subset \mathcal{O}_M$$

$$\mathcal{O}'_M \subset \mathcal{O}'_C \, .$$

Più precisamente $\mathcal{O}_C$ è l'insieme delle funzioni $\varphi \in C^\infty$ per cui esiste un Q(x) tale che per ogni P(D) si ha

$$|P(D)\varphi| \leq C_{P(D)} Q(x) \, .$$

$\mathcal{O}'_M$ è l'insieme delle distribuzioni S per le quali esiste un m finito tale che per ogni polinomio Q(x) esista un sistema $\{f_p\}$, $|p| \leq m$, di funzioni continue e limitate su R^n per le quali sia

$$Q(x)\, S = \sum_{|p| \leq m} D^p f_p \, ,$$

10.- <u>Teorema di Paley-Wiener</u>.

Sia U una distribuzione a supporto compatto ($U \in \mathcal{E}'$), e supponiamo che il supporto di U sia contenuto nel cubo $|x_i| \leq A_i$, $i=1,\ldots,n$. Allora è noto che :

a) per ogni $\varepsilon > 0$ si può scrivere $U = \sum_{|p| \leq m} D^p f_{p,\varepsilon}$

dove il supporto di $f_{p,\varepsilon}$ per ogni $|p| \leq m$, è contenuto nel cubo $|x_i| \leq A_i + \varepsilon$, $i = 1,\ldots, n$;

b) $U = \sum_{|p| \leq m} D^p \mu_p$, dove le μ_p sono misure con supporto contenuto nel cubo $|x_i| \leq A_i$, $i = 1,\ldots, n$.

Consideriamo ora la trasformata di Fourier di una misura con supporto nel cubo $|x_i| \leq A_i$, $i = 1,\ldots, n$; abbiamo

$$M(\xi) = \mathcal{F}\mu = \int e^{-2i\pi\langle x,\xi\rangle} d\mu(x) = \int_{|x_i| \leq A_i} e^{-2i\pi\langle x,\xi\rangle} d\mu(x).$$

Si può allora prolungare la funzione $M(\xi)$ come funzione di $\xi + i\eta$ allo spazio C^n, con la formula :

$$M(\xi + i\eta) = \int_{|x_i| \leq A_i} e^{-2i\pi\langle x,\xi\rangle + 2\pi\langle x,\eta\rangle} d\mu(x) ;$$

risulta che la funzione $M(\xi + i\eta)$ è, per $\xi + i\eta = \zeta \in C^n$, funzione olomorfa di ζ e che si ha :

$$|M(\zeta + i\eta)| \leq e^{2\pi(A_1|\eta_1| + A_2|\eta_2| + \cdots + A_n|\eta_n|)} \int |d\mu|$$

quindi $M(\zeta)$ è una funzione di tipo esponenziale, cioè

$$|M(\zeta)| \leq C\, e^{A|\zeta|},$$

anzi, nel nostro caso la maggiorazione è più precisa dipendendo l'esponenziale solamente dalla η .

Sia ora $U \in \mathcal{E}'$ con supporto nel cubo $|x_i| \leq A_i$, $i = 1,\ldots, n$. Avremo allora, sfruttando la formula di decomposizione b), che la sua trasformata di Fourier V è una funzione $V(\xi)$

che ammette un prolungamento in una funzione $V(\xi + i\eta)$ olomorfa in tutto C^n, ed anzi vale la maggiorazione

$$|V(\xi + i\eta)| \leq \text{Pol.}|\zeta| \, e^{2\pi(A_1\eta_1 + \ldots + A_n\eta_n)} \qquad \zeta = \xi + i\eta$$

Ci poniamo ora il problema inverso. Sia $V(\zeta)$, $\zeta \in C^n$, una funzione olomorfa intera, inoltre supponiamo che

i) come funzione di ξ, $V(\xi)$ sia distribuzione temperata;

ii) per ogni $\varepsilon > 0$, esista almeno una costante $C_\varepsilon = C$ tale che, essendo $\zeta = \xi + i\eta$

$$|V(\xi)| \leq C \, e^{2\pi\left[(A_1+\varepsilon)|\zeta_1| + \ldots + (A_n+\varepsilon)|\zeta_n|\right]} \quad ;$$

dimostreremo che V è trasformata di Fourier di una distribuzione U a supporto compatto contenuto nel cubo $|x_i| \leq A_i$.

Consideriamo dapprima il caso $n = 1$. Supponiamo di più:

1°) $$|V(\xi)| \leq \frac{M}{(1+\xi^2)^k}$$

2°) esiste un $C > 0$ tale che

$$|V(\zeta)| \leq C \, e^{2\pi A|\zeta|}, \quad \zeta = \xi + i\eta \; ;$$

dimostreremo allora che, in questo caso:

$$|V(\xi + i\eta)| \leq \frac{M}{(1+\xi^2)^k} \, e^{2\pi A\eta}, \quad \eta \geq 0.$$

Useremo un caso particolare del teorema di Phragmen-Lindelöf (1) e cioè: <u>se $f(z)$, $z \in C^1$, è olomorfa in un quadrante aperto e</u>

---

(1) Se la funzione $f(z)$, $z \in C^1$, è una funzione olomorfa nell'interno di un angolo continua in tutto l'angolo e limitata sui lati dell'angolo, e se essa ha una crescenza limitata all'∞ (dipendente dall'angolo), allora essa è limitata in tutto l'angolo.

<u>continua nel quadrante chiuso, se</u> $|f(z)| \leq M$ <u>sui lati, se per ogni</u> $\varepsilon > 0$ <u>è maggiorata da</u> $e^{+\varepsilon|\zeta|^2}$ <u>per</u> $|\zeta| \to \infty$ <u>allora essa è maggiorata da</u> M <u>in tutto il quadrante</u>.

Consideriamo ora la funzione :

$$H(\zeta) = e^{2i\pi(A+\varepsilon)\zeta}(1-i\zeta)^2\, V(\zeta)$$

$H(\zeta)$ è olomorfa e verifica ovviamente l'ipotesi di crescenza nel primo quadrante; per $\eta = 0$ si ha : $|H(\xi)| \leq (1+|\xi|^2)^k\, |V(\xi)| \leq M$, per $\xi \geq 0$ si ha :

$$|H(i\eta)| \leq C\, e^{2\pi A\eta - 2\pi(A+\varepsilon)\eta}(1+\eta)^{2k} = C\, e^{-2\pi\varepsilon\eta}(1+\eta)^{2k},$$

che è limitata per $\eta \to +\infty$, e sia $C' = \sup_{\eta \geq 0} |H(i\eta)|$.

Dunque con il teorema di Phragmen-Lindelöf risulta nel primo quadrante :

$$|H(\zeta)| \leq \sup(C', M) .$$

Lo stesso ragionamento ci dice che, nel secondo quadrante vale la stessa disuguaglianza. Applicando il principio di massimo nel semipiano $\eta \geq 0$, si ricava siccome $H(i\eta)$ tende a 0 all'infinito

$$C' \leq M ,$$

cioè

$$|H(\zeta)| \leq M , \qquad \text{per } \eta > 0 .$$

e dunque

$$|V(\zeta)| \leq \left| e^{-2i\pi(A+\varepsilon)\zeta} \right| \frac{M}{|1-i\zeta|^{2k}} \leq \frac{M}{(1+\xi^2)^k}\, e^{2\pi(A+\varepsilon)\eta}$$

visto che M non dipende da ε , risulta

$$|V(\xi)| \leq \frac{M}{(1+\xi^2)^k} e^{2\pi A\eta}, \qquad \eta \geqslant 0 .$$

Consideriamo ora una funzione $V(\zeta)$, $\zeta \in C^1$, olomorfa intera che soddisfi :

$$\alpha) \quad |V(\zeta)| \leq e^{2\pi A|\zeta|} \qquad \zeta = \xi + i\eta$$

$$\beta) \quad |V(\xi)| \leq \frac{M}{1+\xi^2}$$

Per quanto detto prima risulta :

$$(10.1) \qquad |V(\xi + i\eta)| \leq \frac{M}{1+\xi^2} e^{2\pi A\eta}$$

Siccome $V(\xi)$ è in $\mathcal{S}$ si che $V = \mathcal{F}\, U$ dove

$$U(x) = \int V(\xi)\, e^{2i\pi\xi x}\, d\xi = \int V(\xi + i\eta)\, e^{2i\pi(\xi + i\eta)x}\, d\xi . \quad (1)$$

Allora :

$$|U(x)| \leq M\, e^{2\pi A\eta - 2\pi x\eta} \int \frac{d\xi}{1+\xi^2}$$

si vede che se $x > A$ (facendo $\eta \to +\infty$) si ricava $U(x) = 0$; se $x < -A$ (facendo $\eta \to -\infty$) si ricava $U(x) = 0$; quindi il supporto di $U(x)$ è contenuto in $[-A,A]$.

Consideriamo ora il caso di n qualunque

1°) Sia, oltre ad i) ed ii)

$$|V(\xi)| \leq \frac{M}{(1+|\xi|^2)^{\frac{n}{2}+a}}, \qquad a > 0 .$$

Allora

---

(1) L'eguaglianza di questi due integrali si ottiene sfruttando il teorema di Cauchy e la maggiorazione (10.1).

$$U(x) = \int \text{----} \int V(\xi)\, e^{-2i\pi\langle\xi,x\rangle}\, d\xi$$

$$= \int_{R^{n-1}} e^{-2i\pi(\xi_2 x_2 + \ldots + \xi_n x_n)} d\xi_2 - d\xi_n \int_{-\infty}^{+\infty} V(\xi) e^{-2\pi i \xi_1 x_1} d\xi_1$$

Ma

$$\int_{-\infty}^{+\infty} V(\xi)\, e^{-2i\pi\xi_1 x_1}\, d\xi_1 = 0 \qquad \text{per} \quad |x_1| > A_1 + \varepsilon$$

cioè il supporto di U(x) è contenuto in $|x_1| \leq A_1 + \varepsilon$, ma questo per ogni $\varepsilon > 0$, quindi il supporto di U(x) è contenuto in $|x_1| \leq A_1$; ripetendo lo stesso ragionamento per le altre variabili si ottiene che il supporto di U(x) in questo caso è contenuto nel cubo $|x_i| \leq A_i$, $i = 1,\ldots, n$.

2°) Sia ora, oltre ad i) ed ii), $V \in \mathcal{O}_M$; sia $U = \overline{\mathcal{F}} V$.

Consideriamo una funzione $\alpha \in \mathcal{D}$ con supporto contenuto nel cubo $|x_i| \leq d_i$, $i = 1,\ldots, n$: sia $\beta = \mathcal{F}\alpha$, in più β è analitica e di tipo esponenziale con esponenti le costanti d_i. Allora la funzione $V\beta \in \mathcal{S}$, è analitica di tipo esponenziale con esponenti $A_i + d_i + \varepsilon$ per ogni $\varepsilon > 0$, $i = 1,\ldots, n$. $V\beta$ verifica quindi le condizioni di 1°), e dunque :

$$V\beta = \mathcal{F}(U * \alpha)$$

ha il supporto contenuto nel cubo $|x_i| \leq A_i + d_i$, $i = 1,\ldots, n$; facendo ora $\alpha \to \delta$ risulta

$$U * \alpha \to U \quad \text{in} \quad \mathcal{S}'$$

quindi $V = \mathcal{F} U$, ed U ha supporto contenuto nel cubo $|x_i| \leq A_i$, $i = 1,\ldots, n$.

3°) Sia ora V una arbitraria distribuzione che verifica i) ed ii).

Sia $\beta \in \mathcal{D}$ con supporto contenuto nel cubo $|\xi_i| \leq d_i$, $i = 1,\dots, n$, allora

$$V * \beta \in \mathcal{O}_M$$

inoltre è

$$(V * \beta)(\xi) = \int V(\xi - t)\, \beta(t)\, dt$$

ma questo integrale ha senso anche se al posto di ξ si pone $\zeta = \xi + i\eta$, e si ricava

$$|(V * \beta)(\zeta)| \leq C\, e^{2\pi \sum_{i=1}^{n} (A_i + d_i + \varepsilon)|\zeta_i|},$$

quindi $(V * \beta)(\zeta)$ è una funzione analitica di tipo esponenziale che verifica le condizioni di 2°). Quindi se $\beta = \mathcal{F}\alpha$

$$V * \beta = \mathcal{F}(U.\alpha)$$

dove $U\alpha$ ha il supporto nel cubo $|x_i| \leq A_i + d_i$, $i = 1,\dots, n$; facendo $\beta \to \delta$ in $\mathcal{S}'$, allora $d_i \to 0$, $i = 1,\dots, n$;

$$V * \beta \to V \text{ in } \mathcal{S}'$$

e dunque $U\alpha = \overline{\mathcal{F}}(V * \beta) \to U = \overline{\mathcal{F}}V$ in $\mathcal{S}'$; U ha il supporto contenuto nel cubo $|x_i| \leq A_i$, $i = 1,\dots, n$.

Abbiamo così dimostrato il seguente teorema di Paley-Wiener.

<u>Teor.10.1.</u>- a) <u>Se</u> $U \in \mathcal{E}'$, supp. $U \subset \{x\,;\ |x_i| \leq A_i,\ i=1,\dots,n\}$ <u>allora</u> $V = \mathcal{F}U$ <u>è una funzione</u> $V(\xi)$, $\xi \in R^n$, <u>che ammette un prolungamento</u> $V(\xi + i\eta)$, $(\xi + i\eta) \in C^n$, <u>funzione olomorfa intera sod-</u>

disfacente alla disuguaglianza :

$$|V(\xi + i\eta)| \leq \mathrm{Pol}|\zeta|\; e^{2\pi(A_1\eta_1 + \dots + A_n\eta_n)} .$$

b) Se $V(\xi) \in \mathcal{S}'_\xi$, è una funzione $V(\xi)$, $\xi \in R^n$, che ammette un prolungamento $V(\xi + i\eta)$, $(\xi + i\eta) \in C^n$, funzione olomorfa intera, e se per ogni $\varepsilon > 0$, esiste $C(\varepsilon)$ tale che, detto $\zeta = \xi + i\eta$:

$$|V(\xi + i\eta)| \leq C(\varepsilon)\; e^{2\pi[(A_1+\varepsilon)|\zeta_1| + \dots + (A_n+\varepsilon)|\zeta_n|]}$$

allora $V = \mathcal{F}U$, dove $U \in \mathcal{E}'$ ha il supporto contenuto nel cubo $|x_i| \leq A_i$, $i = 1, \dots, n$.

Parte seconda.

SPAZI DI HILBERT E NUCLEI ASSOCIATI [1]

1.- Sottospazi hilbertiani.

Sia E uno spazio vettoriale topologico separato localmente convesso e completo [2].

Sia $\mathcal{H}$ un sottospazio lineare di E munito di una struttura hilbertiana definita dalla forma sesquilineare $(\xi|\eta)_{\mathcal{H}}$, rispetto alla quale $\mathcal{H}$ sia completo, tale che la iniezione di $\mathcal{H}$ in E sia continua.

Sia ad esempio $\mathcal{H} = L^2$ sottospazio hilbertiano di $E = \mathcal{D}'$. Osserviamo che la continuità dell'iniezione di $\mathcal{H}$ in E equivale a dire che l'immagine della sfera unità in $\mathcal{H}$ è un insieme limitato in E (v. Dieudonné-Schwartz, [1] , pag.71).

Osserviamo che si possono trovare sempre sottospazi hilbertiani di dimensioni finite; relativamente all'esistenza di sottospazi hilbertiani di dimensione infinita osserviamo che non ve ne sono se E è munito della topologia localmente convessa la più fine, perchè con questa topologia E ha tutti i suoi sottospazi chiusi. E' ben noto infatti che uno spazio hilbertiano il quale ha tutti i suoi sottospazi chiusi è uno spazio di dimensione finita.

---

(1) Si tratta di una estensione della teoria dei nuclei riproducenti di Aronszajn [1] .

(2) Basta che E sia quasi-completo, cioè che le sue parti limitate e chiuse siano complete.

Sia $(\mathcal{H})$ l'insieme di <u>tutti</u> i sottospazi hilbertiani di E. Introduciamo su $(\mathcal{H})$ le seguenti operazioni, e relazioni.

1°) Due sottospazi hilbertiani $\mathcal{H}_1$ ed $\mathcal{H}_2$ di E si dicono uguali se sono definiti sullo stesso sottospazio lineare di E e se le loro forme sesquilineari sono identiche.

2°) Dato $\lambda \geqslant 0$, l'operazione $\lambda\mathcal{H}$ è definita da

$$\lambda\mathcal{H} = 0 \qquad \text{se} \qquad \lambda = 0$$

$\lambda\mathcal{H}$ per $\lambda \neq 0$ è lo spazio hilbertiano definito sullo stesso sottospazio vettoriale di E , con la forma

$$(\xi|\eta)_{\lambda\mathcal{H}} = \frac{1}{\lambda}(\xi|\eta)_{\mathcal{H}}$$

Risulta ovviamente

$$\lambda(\mu\mathcal{H}) = (\lambda\mu)\mathcal{H} \qquad \lambda, \mu \geqslant 0$$

3°) Diremo $\mathcal{H}_1$ minore o uguale di $\mathcal{H}_2$ e scriveremo

$$\mathcal{H}_1 \leq \mathcal{H}_2$$

se $\mathcal{H}_1 \subset \mathcal{H}_2$ algebricamente e se

$$\|h\|_{\mathcal{H}_1} \geqslant \|h\|_{\mathcal{H}_2} \qquad \forall h \in \mathcal{H}_1 .$$

Questa è evidentemente una relazione d'òrdine. Osserviamo che

$$\lambda\mathcal{H} \leq \mathcal{H} \qquad \text{se e solo se} \qquad \lambda \leq 1 .$$

4°) Dati due sottospazi hilbertiani $\mathcal{H}_1$ ed $\mathcal{H}_2$ di E, si definisce come loro somma e si indica con

$$\mathcal{H}_1 + \mathcal{H}_2$$

il sottospazio vettoriale somma algebrica dei due con la norma

$$\|h\|_{\mathcal{H}_1+\mathcal{H}_2} = \inf_{\substack{h_1+h_2=h \\ h_1\in\mathcal{H}_1 \\ h_2\in\mathcal{H}_2}} \left(\|h_1\|^2_{\mathcal{H}_1} + \|h_2\|^2_{\mathcal{H}_2} \right)^{1/2}$$

Osserviamo che

$$\mathcal{H}_1 + \mathcal{H}_2 \approx (\mathcal{H}_1 \oplus \mathcal{H}_2)/\mathcal{N}$$

ove $\mathcal{H}_1 \oplus \mathcal{H}_2$ è lo spazio di Hilbert delle coppie ordinate (h_1, h_2) con la norma

$$\left(\|h_1\|^2_{\mathcal{H}_1} + \|h_2\|^2_{\mathcal{H}_2} \right)^{1/2}$$

ed $\mathcal{N}$ è il nucleo dell'applicazione lineare e continua

$$\mathcal{H}_1 \oplus \mathcal{H}_2 \longrightarrow E$$

definita da

$$(h_1, h_2) \longrightarrow h_1 + h_2 \quad .$$

Abbiamo le ovvie relazioni

$$\mathcal{H}_1 + \mathcal{H}_2 \geqslant \mathcal{H}_1$$

$$\mathcal{H}_1 + \mathcal{H}_2 \geqslant \mathcal{H}_2$$

$$\lambda(\mathcal{H}_1 + \mathcal{H}_2) = \lambda\mathcal{H}_1 + \lambda\mathcal{H}_2 , \qquad \lambda \geqslant 0$$

$$(\lambda + \mu)\mathcal{H} = \lambda\mathcal{H} + \mu\mathcal{H} \qquad \lambda, \mu \geqslant 0 .$$

Dimostreremo più avanti che se $\mathcal{H} \geqslant \mathcal{H}_1$, allora esiste un <u>unico</u>

$\mathcal{H}_2$ tale che

$$\mathcal{H} = \mathcal{H}_1 + \mathcal{H}_2 .$$

2.- Antinuclei positivi.

Sia E' duale forte di E spazio lineare topologico separato localmente convesso e completo.

Def.2.1.- Una applicazione antilineare

$$L : E' \longrightarrow E$$

si dice antinucleo.

Diremo L antinucleo positivo e scriveremo

$$L \geqslant 0$$

se per qualunque $e' \in E'$

$$\langle L e', e' \rangle \geqslant 0 .$$

In altre parole un antinucleo L è positivo se la forma sesquilineare su $E' \times E'$ associata ad esso

$$(e', f') \longrightarrow \langle L f', e' \rangle \qquad e', f' \in E'$$

è hermitiana positiva; si ha in questo caso

$$\langle L e', f' \rangle = \overline{\langle L f', e' \rangle} , \qquad \forall e', f' \in E'.$$

La forma hermitiana

$$\langle L f', e' \rangle \qquad e', f' \in E'$$

è debolmente continua per $f' \in E'$ fissato; infatti se $e' \longrightarrow 0$ debolmente allora

$$\langle L f', e' \rangle \longrightarrow 0 ;$$

inoltre si ha che per $e' \in E'$ fissato $\langle L f', e' \rangle$ è debolmente continua : infatti se $f' \longrightarrow 0$ debolmente allora

$$\langle L f', e' \rangle = \overline{\langle L e', f' \rangle} \longrightarrow 0 ;$$

La forma hermitiana positiva è quindi separatamente debomente continua su $E' \times E'$; ciò equivale al fatto che L è una applicazione debolmente continua di E' in E e questo implica che L è fortemente continua, perchè essendo L debolmente continua da E' in E l'immagine inversa di un intorno dell'origine in E, convesso equilibrato e chiuso, è un insieme convesso equilibrato debolmente chiuso ed assorbente e quindi secondo un noto teorema un intorno forte dell'origine in E'. Possiamo dunque dire che ogni antinucleo positivo è una applicazione antilineare e continua di E' in E, cioè l'insieme $\mathcal{L}$ degli antinuclei positivi è contenuto in $\bar{\mathcal{L}}(E'; E)$. In $\mathcal{L}$ si introduce la seguente struttura di cono convesso in $\bar{\mathcal{L}}(E'; E)$:

1°) dato $\lambda \geqslant 0$ risulta $\lambda L \in \mathcal{L}$; ovviamente

$$\lambda(\mu L) = (\lambda\mu) L ; \qquad \lambda, \mu \geqslant 0$$

2°) dati $L_1, L_2 \in \mathcal{L}$ si dice che L_1 è minore od uguale ad L_2 e si scrive

$$L_1 \leqslant L_2$$

se è

$$L_2 - L_1 \geqslant 0$$

Questa è una relazione di ordine perchè se è $L_1 \leqslant L_2$, ed $L_2 \leqslant L_1$ allora $\langle L_2 e', e' \rangle = \langle L_1 e', e' \rangle$, $\forall e' \in E'$, e quindi con un ragionamento usuale,

$$\langle L_2 e' , f' \rangle = \langle L_1 e' , f' \rangle , \quad \forall e', f' \in E'$$

e quindi $L_2 = L_1$.

3°) esiste, dati L_1, $L_2 \in \mathcal{L}$, $L_1 + L_2$ definito da

$$(L_1 + L_2)\, e' = L_1 e' + L_2 e'$$

con le proprietà

$$\lambda(L_1 + L_2) = \lambda L_1 + \lambda L_2 , \qquad \lambda \geqslant 0$$

$$(\lambda + \mu) L = \lambda L + \mu L , \qquad \lambda, \mu \geqslant 0 .$$

3.- <u>Isomorfismo di</u> $\textcircled{\mathcal{H}}$ <u>ed</u> $\mathcal{L}$.

Sia $\mathcal{H} \in \textcircled{\mathcal{H}}$; definiamo un operatore $L \in \mathcal{L}$ nel modo seguente.

Per $e' \in E'$ si considera la forma su $\mathcal{H} \subset E$.

$$h \longrightarrow \langle h, e' \rangle \qquad \forall h \in \mathcal{H} .$$

Questa è ovviamente una forma lineare e continua su $\mathcal{H}$, e dunque esiste un elemento di $\mathcal{H}$, che denoteremo $L\, e'$, per il quale vale

(3.1) $\langle h , e' \rangle = (h \,/\, L e')_{\mathcal{H}} \quad , \qquad \forall h \in \mathcal{H}$.

Dimostriamo che l'applicazione

$$L : E' \longrightarrow \mathcal{H}$$

così definita è antilineare e positiva.

L'antilinearità è banale. Dalla (3.1) segue

$$\langle L\, e', e' \rangle = (L\, e' \mid L\, e')_{\mathcal{H}} = \| L\, e' \|^2_{\mathcal{H}} \geqslant 0 \, .$$

Osserviamo anche che L è definito come composta delle seguenti applicazioni

$$(3.2) \qquad E' \longrightarrow \mathcal{H}' \longrightarrow \mathcal{H} \longrightarrow E \, ,$$

dove $\mathcal{H}'$ è il duale di $\mathcal{H}$, l'applicazione

$$\mathcal{H} \xrightarrow{J} E$$

è una iniezione canonica,

$$\mathcal{H}' \longrightarrow \mathcal{H}$$

è un antiisomorfismo canonico,

$$E' \xrightarrow{{}^tJ} \mathcal{H}'$$

è la trasposta dell'iniezione di $\mathcal{H}$ in E .

Dallo schema (3.2) segue che L è continua da E' in E e che ${}^tJ\, E'$ è denso debolmente in $\mathcal{H}'$ e quindi in $\mathcal{H}$, e quindi anche fortemente perchè $\mathcal{H}$ è uno spazio di Hilbert.

Abbiamo così associato ad ogni $\mathcal{H}$ di $\textcircled{\mathcal{H}}$ un elemento L di $\mathcal{L}$; dimostriamo ora che tale corrispondenza è biiettiva.

Sia infatti $L \in \mathcal{L}$; sia $\mathcal{H}_0 = L\, E'$; introduciamo in

$\mathcal{H}_0$ la seguente forma sesquilineare : se $u, v \in \mathcal{H}_0$, essendo $u = L e', v = L f'$, $e', f' \in E'$, allora

$$(3.3) \qquad (u \mid v)_{\mathcal{H}_0} = \langle L e', f' \rangle .$$

Osserviamo che la forma $(u \mid v)_{\mathcal{H}_0}$ è ben definita : se infatti

$$u = L e'_1 = L e'_2$$

$$v = L f'_1 = L f'_2$$

allora

$$\langle L e'_1, f'_1 \rangle - \langle L e'_2, f'_2 \rangle = \langle L e'_1 - L e'_2, f'_1 \rangle +$$

$$+ \langle L e'_2, f'_1 - f'_2 \rangle =$$

$$= \langle 0, f'_1 \rangle + \overline{\langle e'_2, L f'_1 - L f'_2 \rangle} =$$

$$= \langle e'_2 , 0 \rangle = 0 .$$

Dimostriamo ora che la forma sesquilineare $(u \mid v)_{\mathcal{H}_0}$ è definita positiva. Essa è ovviamente positiva perchè se $u = L e'$ allora

$$(u \mid u)_{\mathcal{H}_0} = \langle L e', e' \rangle \geqslant 0$$

inoltre essa è definita perchè da

$$|\langle L e', f' \rangle| \leqslant \langle L e', e' \rangle^{1/2} \langle L f', f' \rangle^{1/2}$$

risulta

se $(u \mid u)_{\mathcal{H}_0} = 0$ allora $\langle L e', e' \rangle = 0$, dunque $\langle L e', f' \rangle = 0$ per ogni $f' \in E'$, cioè $L e' = u = 0$.

Dimostriamo ora anche che la topologia di $\mathcal{H}_o$ è più fine di quella indotta da E . Basta dimostrare che la sfera unità di $\mathcal{H}_o$ è limitata debolmente in E , perchè allora per un noto teorema di Mackey, essa lo è anche fortemente.

Infatti consideriamo la sfera di $\mathcal{H}_o$:

$$B = \left\{ L\, e' \,;\, \langle L\, e' , e' \rangle \leq 1 \right\} ;$$

allora per f' fissato di E' si ha :

$$|\langle L\, e', f' \rangle| \leq \langle L\, e', e' \rangle^{1/2} \langle L\, f', f' \rangle^{1/2} \leq \langle L\, f', f' \rangle^{1/2} .$$

Quindi l'immersione di $\mathcal{H}_o$ in E è continua. Consideriamo ora il completamento astratto $\hat{\mathcal{H}}_o$ di $\mathcal{H}_o$. E' noto che si può prolungare la immersione di $\mathcal{H}_o$ in E in una applicazione lineare e continua di $\hat{\mathcal{H}}_o$ in E , grazie alla completezza di E [(1)]. Indicheremo con $\mathcal{H}$ l'immagine di $\hat{\mathcal{H}}_o$ in E. E' facile verificare che $\mathcal{H}$ ha come antinucleo, nella corrispondenza sopra costruita, esattamente L perchè

$$(3.4) \qquad (\hat{h}_o \mid L\, e')_{\hat{\mathcal{H}}_o} = \langle h, e' \rangle$$

dove h ∈ E è l'immagine di $\hat{h}_o$, come si dimostra per continuità essendo la (3.4) valida in $\mathcal{H}_o$. L'applicazione così definita :

$$\hat{\mathcal{H}}_o \longrightarrow E$$

è anch'essa una iniezione. Infatti sia

(1) Per questo basta la quasi completezza di E.

$$\hat{h}_o \text{ trasformato in } 0,\ \hat{h}_o \in \hat{\mathcal{H}}_o$$

allora

$$(\hat{h}_o | L e')_{\hat{\mathcal{H}}_o} = \langle 0 , e' \rangle = 0 , \quad \forall e' \in E' ,$$

allora

$\hat{h}_o$ è ortogonale a $L E' = \mathcal{H}_o$ che è denso in $\hat{\mathcal{H}}_o$ e quindi

$$\hat{h}_o = 0$$

Abbiamo così dimostrato la seguente

<u>Prop.3.1.</u>- i) <u>Se</u> $\mathcal{H} \subset E$, <u>si può associare ad</u> $\mathcal{H}$ <u>in modo unico l'antinucleo positivo</u> $L : E' \longrightarrow \mathcal{H}$; <u>definito dalla relazione</u>

(3.5) $\quad (h | L e')_{\mathcal{H}} = \langle h , e' \rangle , \quad \forall h \in \mathcal{H} .$

ii) <u>Se</u> $L : E' \longrightarrow E$ <u>è un antinucleo positivo si può associare ad esso lo spazio</u> $\mathcal{H} = \hat{\mathcal{H}}_o$ <u>completamento di</u> $\mathcal{H}_o = L E'$ <u>nel prodotto scalare</u>

$$(L e' | L f')_{\mathcal{H}_o} = \langle L e', f' \rangle$$

<u>Inoltre l'antinucleo</u> L_1 <u>associato ad</u> $\mathcal{H}$ <u>per</u> i) <u>coincide con</u> L .

Vogliamo ora dare una caratterizzazione degli elementi di uno spazio mediante l'antinucleo positivo L ad esso associato. Si ha allora la seguente

<u>Prop.3.2.</u>- <u>Dato l'antinucleo positivo</u> L , <u>se</u> $e \in E$, <u>condizione necessaria e sufficiente affinchè</u> $e \in \mathcal{H}$, <u>dove</u> $\mathcal{H}$ <u>è lo spazio associato ad</u> L <u>secondo la Prop.3.1., è che</u>

(3.6) $\quad \sup_{e' \in E'} \dfrac{|\langle e, e' \rangle|}{\langle L e', e' \rangle^{1/2}} < +\infty .$

Dim. Ovviamente la condizione è necessaria, ed anzi si verifica che :

$$\sup_{e'\in E'} \frac{|\langle h, e'\rangle|}{\langle L e', e'\rangle^{1/2}} = \|h\|_{\mathcal{H}}$$

Inversamente consideriamo l'applicazione

$$L e' \longrightarrow \langle e , e'\rangle \;;$$

questa è ben definita; infatti da

$$L e' = 0$$

avendosi per ipotesi

(3.7) $$|\langle e , e'\rangle| \leq C \langle L e' , e'\rangle^{1/2}$$

segue

$$|\langle e , e'\rangle| = 0 .$$

Abbiamo coì una applicazione antilineare e continua (come risulta dalla (3.7))

$$\mathcal{H} \longrightarrow \mathcal{C} \qquad (\mathcal{C} \text{ corpo complesso})$$

e quindi esiste un $h \in \mathcal{H}$ tale che

$$(h \mid L e')_{\mathcal{H}} = \langle e , e'\rangle \quad , \quad \forall e' \in E' .$$

D'altra parte

$$(h \mid L e')_{\mathcal{H}} = \langle h , e'\rangle \quad , \quad \forall e' \in E' ,$$

quindi

$$\langle e , e'\rangle = \langle h , e'\rangle \quad , \quad \forall e' \in E' ,$$

cioè $e = h$ donde $e \in \mathcal{H}$.

Si osservi che

$$(3.8) \qquad \|e\|_{\mathcal{H}} = C = \sup_{e' \in E'} \frac{|\langle e, e' \rangle|}{\langle L e', e' \rangle^{1/2}}$$

<u>Prop.3.3.- Si ha l'isomorfismo delle strutture tra</u> $\mathcal{L}$ <u>ed</u> $\mathcal{H}$ <u>rispetto alla corrispondenza stabilita nella prop.3.1.</u>

La moltiplicazione per uno scalare $\lambda \geqslant 0$ si conserva come risulta dalla (3.8).

Facciamo ora vedere che se $\mathcal{H}_1 \leq \mathcal{H}_2$ allora $L_1 \leq L_2$ e viceversa.

1°) $\mathcal{H}_1 \leq \mathcal{H}_2$ implica $L_1 \leq L_2$. Infatti

$$\langle L_1 e', e' \rangle^{1/2} \geqslant \|L_1 e'\|_{\mathcal{H}_2} = \sup_{f' \in E'} \frac{|\langle L_1 e', f' \rangle|}{\langle L_2 f', f' \rangle^{1/2}}$$

$$\geqslant \frac{|\langle L_1 e', e' \rangle|}{\langle L_2 e', e' \rangle^{1/2}}$$

quindi

$$\langle L_1 e', e' \rangle \leq \langle L_2 e', e' \rangle$$

2°) $L_1 \leq L_2$ implica $\mathcal{H}_1 \leq \mathcal{H}_2$. Dalla (3.5) si ha che $\mathcal{H}_1 \subset \mathcal{H}_2$ e, dalla (3.8) si ha :

$$\|h\|_{\mathcal{H}_1} = \sup_{e' \in E'} \frac{|\langle h, e' \rangle|}{\langle L_1 e', e' \rangle^{1/2}} \geqslant \sup_{e' \in E'} \frac{|\langle h, e' \rangle|}{\langle L_2 e', e' \rangle^{1/2}} = \|h\|_{\mathcal{H}_2}$$

Facciamo ora vedere che se ad $\mathcal{H}_1$ corrisponde L_1, e ad $\mathcal{H}_2$ corrisponde L_2, allora ad $\mathcal{H} = \mathcal{H}_1 + \mathcal{H}_2$ corrisponde $L = L_1 + L_2$.

Sia $\mathcal{M}$ il sottospazio hilbertiano di E associato ad L.

Si tratta di far vedere che

$$\mathcal{M} = \mathcal{H}_1 + \mathcal{H}_2 .$$

Poichè $L \geqslant L_1$, $L \geqslant L_2$, allora, dal punto di vista insiemistico

$$\mathcal{M} \supset \mathcal{H}_1 \;,\; \mathcal{M} \supset \mathcal{H}_2 \quad \text{e quindi} \quad \mathcal{M} \supset \mathcal{H}_1 + \mathcal{H}_2$$

Ricordando che

$$\mathcal{H} \approx (\mathcal{H}_1 \oplus \mathcal{H}_2)/\mathcal{N}$$

per far vedere che $\mathcal{M} \subset \mathcal{H}$ algebricamente e topologicamente, si ha che per ogni $e' \in E'$

$$(L_1 e', L_2 e') \in \mathcal{H}_1 \oplus \mathcal{H}_2$$

ma di più, se $(k_1, k_2) \in \mathcal{N}$, cioè $k_1 + k_2 = 0$, allora

$$\begin{aligned} &((k_1, k_2) \mid (L_1 e', L_2 e'))_{\mathcal{H}_1 \oplus \mathcal{H}_2} = \\ &= (k_1 \mid L_1 e')_{\mathcal{H}_1} + (k_2 \mid L_2 e')_{\mathcal{H}_2} = \\ &= \langle k_1, e' \rangle + \langle k_2, e' \rangle = \langle k_1 + k_2, e' \rangle = 0; \end{aligned}$$

questo significa che $(L_1 e', L_2 e')$ è ortogonale ad $\mathcal{N}$; si ricava quindi :

$$\begin{aligned} &\| L_1 e' + L_2 e' \|^2_{\mathcal{H}_1 + \mathcal{H}_2} = \| (L_1 e', L_2 e') \|^2_{\mathcal{H}_1 \oplus \mathcal{H}_2} = \\ &= \langle L_1 e', e' \rangle + \langle L_2 e', e' \rangle = \langle (L_1 + L_2) e', e' \rangle = \\ &= \| (L_1 + L_2) e' \|^2_{\mathcal{M}} . \end{aligned}$$

Quindi

$$(L_1 + L_2) E' \longrightarrow \mathcal{H}_1 + \mathcal{H}_2$$

è una immersione isometrica che si estende ad $\mathcal{M}$.

Poichè, dal punto di vista insiemistico, è $\mathcal{M} \supset \supset \mathcal{H}_1 + \mathcal{H}_2$, allora

$\mathcal{M} = \mathcal{H}_1 + \mathcal{H}_2$ questa uguaglianza vale anche metricamente.

Come risulta dalle Prop.3.1. e Prop.3.3. si ha il seguente

Teor.3.1.- $(\mathcal{H})$ ed $\mathcal{L}$ sono isomorfi.

Def.3.1.- Siano $\mathcal{H}, \mathcal{H}_1 \in (\mathcal{H})$, $\mathcal{H}_1 \leq \mathcal{H}$, e siano L, $L_1 \in \mathcal{L}$, $L_1 \leq L$, gli antinuclei associati; allora esiste $L - L_1 = L_2$; diciamo $\mathcal{H}_2$ il sottospazio hilbertiano di E ad esso associato e poniamo

$$\mathcal{H} - \mathcal{H}_1 = \mathcal{H}_2 .$$

La definizione è ben posta, nel senso che

$$\mathcal{H}_1 + \mathcal{H}_2 = \mathcal{H}$$

e che $\mathcal{H}_2$ è l'unico sottospazio hilbertiano di E per cui tale uguaglianza è vera.

4.- Immagine di uno spazio hilbertiano mediante una applicazione continua.

Siano E, F due spazi vettoriali topologici separati localmente convessi e completi. Sia

$$u : E \longrightarrow F$$

una applicazione lineare e continua;

$$^t u : F' \longrightarrow E'$$

la sua trasposta.

Si ha allora che, se L è un antinucleo su E,

$$u \circ L \circ {}^t u$$

è un antinucleo di F. Se d'altra parte $\mathcal{H}$ è un sottospazio hilbertiano di E, allora su $u(\mathcal{H}) \subset F$ si può considerare la struttura hilbertiana definita dall'isomorfismo

$$u : \frac{\mathcal{H}}{u^{-1}(0) \cap \mathcal{H}} \longrightarrow u(\mathcal{H})$$

e precisamente se

$\mathcal{K}$ è l'ortogonale di $u^{-1}(0) \cap \mathcal{H}$ in $\mathcal{H}$ si ha che

$$u : \mathcal{K} \longrightarrow u(\mathcal{H})$$

è un isomorfismo isometrico.

Si ha ora il seguente teorema.

Teor.4.1.- Se L è l'antinucleo di $\mathcal{H}$ allora

$$u \circ L \circ {}^t u$$

è l'antinucleo di $u(\mathcal{H})$.

Dim. Detto $\mathcal{M}$ il sottospazio hilbertiano di F associato ad

$$M = u \circ L \circ {}^t u$$

vogliono dimostrare che $\mathcal{M} = u(\mathcal{H})$. Detto $\mathcal{M}_0$ l'insieme degli elementi

$$(u \circ L \circ {}^t u)f' , \quad \text{al variare di } f' \text{ in } F'$$

si ha ovviamente che $\mathcal{M}_0 \subset u(\mathcal{H})$ - Resta da far vedere che $\hat{\mathcal{M}}_0 = \mathcal{M} = u(\mathcal{H})$ e che si ha l'isometria. Per provare questa, dimostriamo che gli elementi $(L \circ {}^t u)f' \in \mathcal{K}$ ed anzi sono densi in $\mathcal{K}$. Per far vedere questo fatto basta dimostrare che il loro ortogonale in $\mathcal{H}$ è $u^{-1}(0) \cap \mathcal{H}$: se

$$0 = (h \mid L \circ {}^t u f')_{\mathcal{H}} = \langle h , {}^t u f' \rangle , \quad \forall f' \in F'$$
$$= \langle u h , f' \rangle \quad , \quad \forall f' \in F'$$

si ha $u h = 0$, e reciprocamente se $h \in \mathcal{H}$ e $u h = 0$ allora risulta

$$(h \mid L \circ {}^t u f')_{\mathcal{H}} = 0 \qquad \forall f' \in F' .$$

Ricordando che due sottospazi se hanno il medesimo ortogonale hanno la medesima aderenza, basta osservare che l'ortogonale di $(L \circ {}^t u)F'$ è $u^{-1}(0) \cap \mathcal{H}$, cioè l'ortogonale di $\mathcal{K}$; quindi

$$\overline{(L \circ {}^t u) F'} = \mathcal{K}$$

Poichè $(L \circ {}^t u)F'$ è denso in $\mathcal{K}$ si ha che $\mathcal{M}_0$ è denso in $u(\mathcal{H})$; per quanto riguarda la norma si ha :

$$\| u \circ L \circ {}^t u f' \|^2_{u(\mathcal{H})} = \| L \circ {}^t u f' \|^2_{\mathcal{H}} = \langle L \circ {}^t u f' , {}^t u f' \rangle =$$
$$= \langle u \circ L \circ {}^t u f', f' \rangle = \| u \circ L \circ {}^t u f' \|^2_{\mathcal{M}} .$$

Questa uguaglianza mostra che su $\mathcal{M}_0$ la norma indotta da $\mathcal{M}$ è quella di $u(\mathcal{H})$ e ciò mostra allora che $\mathcal{M} = u(\mathcal{H})$.

<u>Applicazioni</u>. 1°) Sia

$$E = \mathcal{D}' , \qquad E' = \mathcal{D}$$

consideriamo ora l'applicazione

$$\bar{i} : \mathcal{D} \longrightarrow \mathcal{D}'$$

definita da $\varphi \in \mathcal{D} \longrightarrow \bar{\varphi} \in \mathcal{D}'$

$$\langle \bar{i}\,\varphi , \psi \rangle = \int \bar{\varphi}\psi \, dx , \qquad \forall\, \psi \in \mathcal{D},$$

$\bar{i}$ è ovviamente un antinucleo di $\mathcal{D}'$, e positivo in quanto

$$\langle \bar{i}\,\varphi , \varphi \rangle = \int \bar{\varphi}\varphi \, dx = \int |\varphi|^2 \, dx = \|\varphi\|^2_{L^2} \geqslant 0 .$$

Vogliamo ora vedere quale è il sottospazio hilbertiano di $\mathcal{D}'$ associato ad $\bar{i}$; esso è il completamento di

$$\bar{i}\,\mathcal{D} = \mathcal{D}$$

nella norma di L^2, e quindi è L^2 .

2°) Sia :

$$E = \mathcal{S}' , \qquad E' = \mathcal{S}$$

$$\bar{i} : \mathcal{S} \longrightarrow \mathcal{S}' ; \qquad \bar{i} : \langle i\varphi , \psi \rangle = \int \bar{\varphi}\psi \, dx, \quad \forall \psi \in \mathcal{S}.$$

Si ha allora che $\bar{i}$ è antinucleo positivo di $\mathcal{S}'$ ed ha come sottospazio associato L^2. Dunque $L^2 \subset \mathcal{S}'$.

Osserviamo che, in generale, ogni volta che $E' \subset E$ e che esiste un'operazione "barre", $\bar{i}$, allora c'è uno spazio di Hilbert privilegiato in E , che è quello corrispondente alla $\bar{i}$, ossia

$$\bar{i}\; e' = \bar{e}' .$$

3°) Sia ora $E = F = \mathcal{S}'$ e consideriamo l'applicazione lineare e continua di $\mathcal{S}'$ in $\mathcal{S}'$ definita da

$$\mathcal{F} : \mathcal{S}' \longrightarrow \mathcal{S}' ;$$

$T \in \mathcal{S}' \to \mathcal{F}T \in \mathcal{S}'$, ove $\mathcal{F}$ è la trasformata di Fourier.

Consideriamo ora l'applicazione

$$\bar{i} : \mathcal{S} \longrightarrow \mathcal{S}' \quad ;$$

$$\bar{i} : \langle \bar{i}\varphi , \psi \rangle = \int \bar{\varphi}\, \psi \, dx , \qquad \forall \psi \in \mathcal{S};$$

come si è visto in 2°) $\bar{i}$ è un antinucleo positivo ed il sottospazio hilbertiano di $\mathcal{S}'$ ad esso associato è L^2.

Sia infine

$${}^t\mathcal{F} : \mathcal{S} \longrightarrow \mathcal{S}$$

$${}^t\mathcal{F} = \mathcal{F} : \varphi \in \mathcal{S} \longrightarrow {}^t\mathcal{F}\varphi = \mathcal{F}\varphi \in \mathcal{S}$$

l'applicazione trasposta di $\mathcal{F}$.

Si ottiene che

$$\mathcal{F} \circ \bar{i} \circ {}^t\mathcal{F} = \bar{i} \quad ;$$

infatti

$$\mathcal{F} \circ \bar{i} \circ {}^t\mathcal{F} : \varphi \in \mathcal{S} \to \mathcal{F}\overline{\mathcal{F}\varphi} = \mathcal{F}\bar{\mathcal{F}}\bar{\varphi} = \bar{\varphi} \in \mathcal{S}';$$

questo significa che

$$\mathcal{F} : L^2 \longrightarrow \mathcal{F}(L^2) = L^2$$

è un isomorfismo isometrico; si ha quindi la formula di Parseval

$$\|\varphi\|_{L^2} = \|\mathcal{F}\varphi\|_{L^2} \quad , \qquad \forall \varphi \in L^2 .$$

5.-

<u>Def.5.1.- Diremo</u> L_1 <u>ed</u> L_2 <u>nuclei estranei se, per ogni</u> $L \in \mathcal{L}$, <u>le relazioni</u> $0 \leq L \leq L_1$, $0 \leq L \leq L_2$ <u>implicano</u> $L = 0$.

Si ha la seguente proposizione

<u>Prop.5.1.- Se</u> L_1 <u>è l'antinucleo di</u> $\mathcal{H}_1$ <u>ed</u> L_2 <u>l'antinucleo di</u> $\mathcal{H}_2$, <u>allora</u> :

$$\mathcal{H}_1 \cap \mathcal{H}_2 = \{0\} \Leftrightarrow L_1, L_2 \quad \underline{\text{estranei}}.$$

<u>Dim.</u> Se infatti esiste $L \leq L_1$, $L \leq L_2$ con $L \neq 0$, detto $\mathcal{H}$ il sottospazio hilbertiano di E associato ad L , si ha che

$$\mathcal{H} \subset \mathcal{H}_1 \quad , \mathcal{H} \subset \mathcal{H}_2$$

quindi

$$\mathcal{H}_1 \cap \mathcal{H}_2 \supset \mathcal{H} \neq \{0\}.$$

D'altra parte se $\mathcal{H}_1 \cap \mathcal{H}_2 \neq \{0\}$, consideriamo sul sottospazio lineare

$$\mathcal{H} = \mathcal{H}_1 \cap \mathcal{H}_2$$

la struttura hilbertiana definita dalla norma

$$\|h\|^2_{\mathcal{H}} = \|h\|^2_{\mathcal{H}_1} + \|h\|^2_{\mathcal{H}_2}$$

Con tale struttura $\mathcal{H}$ è sottospazio hilbertiano di E ed

$$\mathcal{H} \leq \mathcal{H}_1$$

$$\mathcal{H} \leq \mathcal{H}_2$$

quindi detto L il nucleo associato si ha

$$L \leq L_1 \;, \qquad L \leq L_2$$

ed $L \neq 0$.

Oss.5.1.- Se E è separabile tutti i sottospazi hilbertiani $\mathcal{H}$ di E sono separabili.

Ci poniamo ora il seguente problema :

Problema 5.1.- Caratterizzare le successioni di elementi di E che sono basi ortonormali di sottospazi hilbertiani di E.

Vale il seguente

Teor.5.1.- Sia $\{e_\nu\} \subset E$; condizione necessaria e sufficiente affinchè $\{e_\nu\}$ sia base ortonormale nel sottospazio hilbertiano $\mathcal{H}$ di E è che :

$$1°)\quad \sum_\nu |\langle e_\nu , e'\rangle|^2 < +\infty \,, \qquad \forall e' \in E' \,;$$

$$2°)\quad \sum_\nu c_\nu e_\nu = 0 \,, \qquad c_\nu \in \mathcal{C} \,,$$

$$\sum_\nu |c_\nu|^2 < +\infty$$

$$\text{implica} \quad c_\nu = 0 \qquad \forall \nu \in N \,.$$

Dim. La condizione è necessaria; infatti se $\{e_\nu\}$ è base ortonormale di $\mathcal{H}$ ed L è l'antinucleo di $\mathcal{H}$, si ha, poichè

$$(e_\nu \,|\, L e')_{\mathcal{H}} = \langle e_\nu , e'\rangle$$

$$L e' = \sum_\nu (L e' \,|\, e_\nu)_{\mathcal{H}} e_\nu = \sum_\nu \langle e_\nu , e'\rangle e_\nu$$

$$\|L e'\|^2_{\mathcal{H}} = \sum_\nu |\langle e_\nu , e'\rangle|^2 < +\infty \,;$$

d'altra parte se $\{c_\nu\} \subset \mathcal{C}$ è tale che

$$\sum_\nu |c_\nu|^2 < +\infty$$ allora

$$\sum_\nu c_\nu e_\nu = h \in \mathcal{H}$$

ed $\|h\|^2_{\mathcal{H}} = \sum_\nu |c_\nu|^2$

quindi h = 0 se e solo se tutti i $c_\nu = 0$.

La condizione è anche sufficiente; infatti, se sono verificate 1°) e 2°), si verifica che l'insieme degli elementi

$$\sum_\nu c_\nu e_\nu \in \mathcal{H} \quad \text{per} \quad \sum_\nu |c_\nu|^2 < +\infty$$

e costituiscono un sottospazio hilbertiano $\mathcal{H}$ di E con la norma

$$\Big\|\sum_\nu c_\nu e_\nu\Big\|^2_{\mathcal{H}} = \sum_\nu |c_\nu|^2.$$

La dimostrazione è così terminata.

Osserviamo che si può caratterizzare mediante gli $\{e_\nu\}$, il nucleo L associato ad $\mathcal{H}$, $\mathcal{H}$ avente per base ortonormale $\{e_\nu\}$. Si ha che

$$L = \sum_\nu e_\nu \otimes \bar{e}_\nu$$

dove

$$e_\nu \otimes e_\nu : e' \longrightarrow \overline{\langle e_\nu , e' \rangle} \quad e_\nu \quad ;$$

questi elementi $e \otimes e$, $e \in E$, sono antinuclei di rango 1 ed essi sono gli elementi estremali del cono $\mathcal{L}$.

6.- Nuclei.

Def.6.1.- Diremo nucleo di uno spazio vettoriale topologico separato localmente convesso e completo E, una applicazione lineare K dell'antiduale $\bar{E}'$ di E in E :

$$K : \bar{E}' \longrightarrow E .$$

Diremo K nucleo positivo e scriveremo

$$K \geqslant 0$$

se per qualunque e' $\in$ E'

$$\langle K \bar{e}', e' \rangle \geqslant 0 , \quad \text{con } e' \in E' , \quad \bar{e}' \in \bar{E}' .$$

Oss.6.1.- Esiste un antiisomorfismo canonico fra $\bar{E}'$ ed E', dato da

$$\bar{e}' (e) = \overline{\langle e' , e \rangle} .$$

Per i nuclei positivi, così come per gli antinuclei positivi, c'è un modo naturale di associare ad essi un sottospazio hilbertiano $\mathcal{H}$ di E completamento di $\mathcal{H}_0 = K \bar{E}'$ nel prodotto scalare

$$(K \bar{e}' \mid K \bar{f}')_{\mathcal{H}_0} = \langle K \bar{e}' , f' \rangle ;$$

anzi si vede, come per la (3.2), che se $\mathcal{H}$ è associato al nucleo K , vale la seguente fattorizzazione di K :

$$\bar{E}' \longrightarrow \bar{\mathcal{H}}' \longrightarrow \mathcal{H} \longrightarrow E$$

dove

$$\overline{\mathcal{H}}' \longrightarrow \mathcal{H}$$

è l'antiisomorfismo canonico.

Per le applicazioni che faremo in seguito è molto importante il caso

$$\bar{E}' \subset E \ ;$$

che si verifica, ad esempio, quando $E = \mathcal{D}'$; infatti in questo caso $\mathcal{D} = \bar{E}'$ $\mathcal{D}' = E$, precisamente

$$T \longrightarrow \langle \bar{T}, \varphi \rangle = \langle T, \overline{\overline{\varphi}} \rangle \quad , \ \forall \varphi \in \mathcal{D};$$

si potrebbe vedere che in questo caso i nuclei sono le distribuzioni a 2 n variabili

$$K_{x,\xi} \in \mathcal{D}'_{x,\xi} \qquad (x,\xi) \in R^n \times R^n$$

per le quale la forma sesquilineare nello $\mathcal{H}$ associato è data da

$$(K\varphi \mid K\psi)_{\mathcal{H}} = \langle K_{x,\xi} \ , \varphi(x)\overline{\psi}(\xi) \rangle \ .$$

7.- <u>Fondamenti di una teoria del potenziale.</u>

7.1.- Un sottospazio hilbertiano W di $\mathcal{D}'$ viene chiamato <u>spazio delle cariche d'energia finita</u>; l'energia di una carica $T \in W$ è data da :

$$\|T\|_W^2 \ ;$$

l'energia mutua di due cariche T_1, $T_2 \in W$ è data da

$$(T_1 / T_2)_W \ .$$

Il nucleo positivo associato a W è indicato con D , esso è una operazione lineare e continua da $\mathcal{D}$ in $\mathcal{D}'$; diremo che D è l'operazione carica. Come è noto dai § precedenti, vale la fattorizzazione di D :

$$D : \mathcal{D} \longrightarrow \overline{W}' \longrightarrow W \longrightarrow \mathcal{D}'$$

ove $W \longrightarrow \mathcal{D}'$ è l'iniezione canonica, $\mathcal{D} \longrightarrow \overline{W}'$ è la trasposta di questa iniezione e $\overline{W}' \longrightarrow W$ è l'antiisomorfismo canonico.

Reciprocamente dato un nucleo positivo $D : \mathcal{D} \longrightarrow \mathcal{D}'$ si può associare ad esso uno spazio di cariche, completamento di $W_0 = D\mathcal{D}$ nel prodotto scalare

$$(D\varphi / D\psi)_{W_0} = \langle D\varphi , \overline{\psi} \rangle , \quad \varphi, \psi \in \mathcal{D} .$$

Prendiamo ad esempio il caso "newtoniano", cioè $D = -\Delta$. Il nucleo $-\Delta$ applica $\mathcal{D}$ in se stesso ed è di tipo positivo in quanto vale

$$\langle -\Delta\varphi , \overline{\varphi} \rangle = \int_{R^n} |\operatorname{grad} \varphi|^2 \, dx \geqslant 0 .$$

<u>Osservazione</u>. Lo spazio W associato a $-\Delta$ è il completamento hilbertiano dell'insieme $W_0 = -\Delta\mathcal{D}$ con la norma

$$(-\Delta\varphi / -\Delta\psi)_{W_0} = \int_{R^n} \operatorname{grad} \varphi \, \overline{\operatorname{grad} \psi} \, dx .$$

Poichè in generale $-\Delta\mathcal{D}$ è contenuto <u>strettamente</u> in $\mathcal{D}$ non tutto $\mathcal{D}$ sarà contenuto in $\hat{W}_0 = W$. Nel caso in cui $\mathcal{D} \subset \hat{W}_0$, risulterà ovviamente che $\mathcal{D}$ è denso in W, e W sarà uno spazio normale di distribuzioni. Queste osservazioni valgono non soltanto per il laplaciano ma anche per ogni operatore differenziale a coefficienti C^{∞}, che sia di tipo positivo.

7.2.- <u>Nella teoria del potenziale è fondamentale il caso in cui lo spazio</u> W <u>delle cariche è uno spazio normale di distribuzioni</u>, cioè :

1°) $\mathcal{D} \subset \mathcal{W} \subset \mathcal{D}'$, 2°) $\mathcal{D}$ è denso in W . 3°) le iniezioni di $\mathcal{D}$ in W e di W in $\mathcal{D}'$ sono continue.

Si vede subito che se W è spazio normale di distribuzioni W' e $\overline{W}'$ sono anche essi spazi normali di distribuzioni[1].

Diamo ora due teoremi i quali assicurano che certi spazi W sono spazi normali di distribuzioni.

<u>Teor.7.1.- Condizione necessaria e sufficiente affinchè lo spazio delle cariche</u> W <u>sia uno spazio normale di distribuzioni è che</u>, D <u>essendo l'operazione carica associata a</u> W, <u>si abbia</u>

$$B = \{\varphi \in \mathcal{D};\ \langle D\varphi\ ,\ \overline{\varphi}\rangle \leq 1\}$$

<u>è limitato in</u> $\mathcal{D}'$ <u>e chiuso in</u> $\mathcal{D}$ <u>per la topologia indotta da</u> $\mathcal{D}'$.

La condizione è necessaria, infatti B è l'intersezione di $\mathcal{D}$ con la sfera unità di $\overline{W}'$. Siccome $\overline{W}'$ è uno spazio normale di distribuzioni allora risulta che $\overline{W}' \subset \mathcal{D}'$ e l'iniezione $\overline{W}' \longrightarrow \mathcal{D}'$ è continua. L'insieme B è limitato in $\overline{W}'$ e quindi anche in $\mathcal{D}$; la sfera unità di $\overline{W}'$ è debolmente compatta e quindi debol-

---

(1) Infatti, per es., se $h \in (W')' = W$ è tale che $\langle h, \varphi\rangle = 0$, $\forall \varphi \in \mathcal{D} \subset W'$, allora dalla densità di $\mathcal{D}$ in W risulta h = 0.

mente chiusa in $\bar{W}'$ ed a fortiori in $\mathcal{D}'$. Siccome B è intersezione di questa sfera con $\mathcal{D}$ esso risulterà chiuso in $\mathcal{D}$ per la topologia indotta da $\mathcal{D}'$.

La condizione è sufficiente. Supponiamo che B sia limitato in $\mathcal{D}'$. Su tutto $\mathcal{D}$ la forma $\langle D\varphi, \bar{\varphi}\rangle \geqslant 0$ è una <u>norma</u> prehilbertiana; infatti $\langle D\varphi, \bar{\varphi}\rangle = 0$ implica $\langle D\lambda\varphi, \overline{\lambda\varphi}\rangle = 0$, $\forall\lambda\in\mathcal{C}$ ($\mathcal{C}$ corpo complesso); cioè l'insieme $\{\lambda\varphi ; \lambda\in\mathcal{C}\}\subset B$ è limitato in $\mathcal{D}'$ e quindi $\varphi = 0$. Si indichi con $\bar{V}'$ lo spazio hilbertiano completamento di $\mathcal{D}$ per questa metrica. $\bar{V}'$ è uno spazio normale di distribuzioni; infatti l'iniezione $\mathcal{D}\to\mathcal{D}'$ si prolunga in una iniezione $\mathcal{D}\to\bar{V}'$ perchè B è chiuso in $\mathcal{D}$ per la topologia indotta da $\mathcal{D}'$ (v. Bourbaki [1]). Sia V il suo antiduale, che è pure spazio normale di distribuzioni, e D^o il nucleo associato a V . Dimostriamo che $D^o = D$, D essendo il nucleo associato a W, cioè

$$(7.1) \qquad \langle D\varphi, \bar{\psi}\rangle = \langle D^o\varphi, \bar{\psi}\rangle \qquad \forall\varphi,\psi\in\mathcal{D}.$$

Infatti per la definizione di $\bar{V}'$ si ha

$$\langle D\varphi, \bar{\psi}\rangle = (\varphi|\psi)_{\bar{V}'} ;$$

essendo D^o il nucleo associato a V vale la relazione

$$\langle D^o\varphi, \bar{\psi}\rangle = (D^o\varphi \,|\, D^o\psi)_V = (\varphi|\psi)_{\bar{V}'}$$

e quindi la (7.1) è dimostrata, e così il teorema.

<u>Osservazione</u>. Se D, nucleo associato ad uno spazio di cariche W (non necessariamente normale), è un operatore differenziale a

coefficienti C^{∞} allora l'insieme B sopra considerato è sempre chiuso in $\mathcal{D}$ per la topologia indotta da $\mathcal{D}'$.

Sia infatti $\mathcal{B}$ la sfera unità di W; è ovvio che $B = \mathcal{D} \cap D^{-1}\mathcal{B}$; ma $\mathcal{B}$ è debolmente chiusa in W e quindi in $\mathcal{D}'$; siccome ogni operatore differenziale a coefficienti C^{∞} è continuo da $\mathcal{D}'$ in $\mathcal{D}'$ allora l'immagine inversa $D^{-1}\mathcal{B}$ è chiusa in $\mathcal{D}'$ e quindi $\mathcal{B}$ è chiuso in $\mathcal{D}$ per la topologia indotta da $\mathcal{D}'$.

7.3.- Sia D un operatore continuo da $\mathcal{D}$ in $\mathcal{D}'$. Un operatore M , da $\mathcal{D}$ in $\mathcal{D}'$, si dice inverso bilatero di D se sono definiti $D \circ M\varphi$, $M \circ D\varphi$, $\forall \varphi \in \mathcal{D}$ e se

$$M \circ D\varphi = D \circ M\varphi = \varphi \quad , \forall \varphi \in \mathcal{D}.$$

Si dirà che M è inverso bilatero di tipo positivo se

$$\langle M\varphi, \overline{\varphi} \rangle \geq 0 \qquad \forall \varphi \in \mathcal{D}.$$

Si ha il seguente

Teor.7.2.- i) Il nucleo D associato allo spazio delle cariche W, con W spazio normale di distribuzioni, possiede sempre un inverso bilatero di tipo positivo.

ii) Se W è uno spazio di cariche tale che il suo nucleo associato D :

1°) $D : \mathcal{D} \longrightarrow \mathcal{D}$, $D : \mathcal{D}' \longrightarrow \mathcal{D}'$, ${}^{t}D = D$,

2°) possiede un inverso bilatero M di tipo positivo, allora W è uno spazio normale di distribuzioni.

Dim. i) Se W è uno spazio normale di distribuzioni, allora $\bar{W}'$ è anch'esso uno spazio normale di distribuzioni e sia G il nucleo ad esso associato. Vale la fattorizzazione

$$G : \mathcal{D} \longrightarrow W \longrightarrow \bar{W}' \longrightarrow \mathcal{D}'$$

e G viene detto l'operatore di Green associato a D .

Siccome G realizza l'antiisomorfismo canonico fra W e $\bar{W}'$ e D quello fra $\bar{W}'$ e W si ha

$$D \circ G = G \circ D = I ,$$

e G come nucleo associato a $\bar{W}'$, è di tipo positivo.

ii) Sia $\mathcal{M}$ lo spazio hilbertiano associato ad M , inverso bilatero positivo di D . Poichè D è un'applicazione definita e continua da $\mathcal{D}'$ in $\mathcal{D}'$ si ha $D(\mathcal{M}) \subset \mathcal{D}'$; sia $\mathcal{N} = \{ T \in \mathcal{M} \ ; \ D\,T = 0 \}$; allora è

$$\mathcal{M} = \mathcal{N} + \mathcal{U} \tag{7.2}$$

ove $\mathcal{U}$ è l'ortogonale di $\mathcal{N}$ in $\mathcal{M}$. Si ha

$$D(\mathcal{M}) = D(\mathcal{U}) \ ;$$

applichiamo ora il teor.4.1., prendendo $E = F = \mathcal{D}'$, $u = D$, $\mathcal{H} = \mathcal{M}$. Poichè ${}^tD = D$, si ha

$$D \circ M \circ D \ \text{ è il nucleo di } D(\mathcal{M}) = D(\mathcal{U})$$

cioè D è il nucleo di $D(\mathcal{M})$; ma D è anche il nucleo di W e quindi $D(\mathcal{M}) = W$. Inoltre, $M(\mathcal{D})$ è denso in $\mathcal{M}$ e $D \circ M(\mathcal{D}) = \mathcal{D}$ è denso in $D(\mathfrak{M}) = W$; siccome $D : \mathcal{D} \longrightarrow \mathcal{D}$ allora $\mathcal{D} \subset W$ e risulta W spazio normale di distribuzioni; il teorema è così dimostrato.

<u>Sia</u> W <u>spazio normale di distribuzioni</u>; l'operatore G costruito in i), $G : W \longrightarrow \overline{W}'$, si chiama operazione potenziale; lo spazio $\overline{W}'$ si chiama spazio dei potenziali di energia finita.

Se $S, T \in W$ ed $\mathcal{U}^S$, $\mathcal{U}^T$ sono i potenziali associati allora :

$$(S / D\mathcal{U})_W = \langle S , \mathcal{U} \rangle \quad (S / T)_W = \langle \mathcal{U}^S , T \rangle$$

$$(V / \mathcal{U}^S)_{\overline{W}'} = \langle V , \bar{S} \rangle \quad (V / \mathcal{U})_{\overline{W}'} = \langle D V , \bar{\mathcal{U}} \rangle .$$

$\overline{W}'$ <u>si può definire a partire da</u> D <u>e</u> W <u>a partire da</u> G .
Per es., $\overline{W}'$ è la chiusura di $\mathcal{D}$ nella norma :

$$\|\varphi\|_{\overline{W}'} = \|D\varphi\|_W = \langle D\varphi , \bar{\varphi} \rangle^{1/2} ,$$

questa norma, come si vede, è costruita a partire da D .

7.4.- Proviamo ora una proprietà minimale dell'operatore di Green col seguente

<u>Teor.7.3.- Nell'ipotesi del teor.7.2. ii) ogni inverso bilatero</u> M <u>di tipo positivo di</u> D <u>soddisfa alla relazione</u>

$$M \geqslant G$$

<u>dove</u> G <u>è l'operatore di Green associato a</u> W .

<u>Dim.</u> Sia $\mathfrak{M}$ il sottospazio hilbertiano di $\mathcal{D}'$ associato ad M; proviamo che $\mathfrak{M} \geqslant \overline{W}'$ nel senso di § 1.

Si è visto nella dimostrazione del teorema 7.2., ii) che è

$$\mathcal{M} = \mathcal{N} + \mathcal{U}$$

dove $\mathcal{N} = \{T \in \mathcal{M} \; ; \; D\,T = 0\}$, ed $\mathcal{U}$ è l'ortogonale di $\mathcal{N}$ in $\mathcal{M}$. Osserviamo che $\mathcal{U}$ è uno spazio normale di distribuzioni; infatti gli elementi $D(\mathcal{D})$ sono densi in W e gli elementi $M(D(\mathcal{D})) = \mathcal{D}$ sono densi in $\mathcal{U}$ come si è visto nella dimostrazione del teor.4.1.

Come si è visto all'inizio del § 4, D realizza un isomorfismo isometrico fra $\mathcal{U}$ e $D(\mathcal{M}) = W$; d'altra parte $\bar{W}'$ è l'unico spazio normale di distribuzioni applicato isometricamente su W da D, quindi $\mathcal{U} = \bar{W}'$. Poichè ovviamente

$$\mathcal{M} \geqslant \mathcal{U} = \bar{W}'$$

il teorema è dimostrato.

<u>Esempi di teoria del potenziale</u>.

Come applicazione degli ultimi due teoremi, diamo ora un risultato nel caso detto "newtoniano".

<u>Teor.7.4.- Lo spazio</u> W <u>associato a</u> $-\Delta$ <u>è spazio normale di distribuzioni per</u> $n \geqslant 3$ <u>e non è spazio normale di distribuzioni per</u> $n = 1,2$.

<u>Dim.</u> Per $n \geqslant 3$ basta provare che $-\Delta$ possiede un inverso bilatero di tipo positivo. Sia per questo E una soluzione elementare di $-\Delta$, cioè $E \in \mathcal{D}'$ con

$$-\Delta \; E = \delta \quad ;$$

allora l'operazione $E\,*: \mathcal{D} \longrightarrow \mathcal{D}'$ (cioè $\varphi \longrightarrow E * \varphi$) è un inverso bilatero di $-\Delta$. Infatti

$$E*(-\Delta\varphi) = (-\Delta E)*\varphi = \delta*\varphi = \varphi$$

$$-\Delta(E*\varphi) = -\Delta E*\varphi = \delta*\varphi = \varphi, \quad \forall\varphi\in\mathcal{D}.$$

(Si vede in questo modo che $E*$ è un inverso bilatero di $-\Delta$ anche per n = 1,2). Dimostriamo ora che $E*$ è di tipo positivo se e solo se $n \geqslant 3$; infatti

1) sia $n \geqslant 3$; proviamo che vale

$$(7.3) \qquad \langle E*\varphi, \overline{\varphi}\rangle \geqslant 0 \qquad \forall\varphi\in\mathcal{D}$$

ed anzi per ogni $\varphi\in\mathcal{S}$; osserviamo che la (7.3) è equivalente (poichè $\overline{\mathcal{F}}(\mathcal{S}) = \mathcal{S}$) alla

$$(7.4) \qquad \langle E*\overline{\mathcal{F}}\varphi, \overline{\overline{\mathcal{F}}\varphi}\rangle \geqslant 0 \qquad \forall\varphi\in\mathcal{S};$$

ma è

$$(7.5) \qquad \langle E*\overline{\mathcal{F}}\varphi, \overline{\overline{\mathcal{F}}\varphi}\rangle = \langle E*\overline{\mathcal{F}}\varphi, \mathcal{F}\overline{\varphi}\rangle =$$

$$= \langle \mathcal{F}(E*\overline{\mathcal{F}}\varphi), \overline{\varphi}\rangle = \langle \mathcal{F}E\cdot\varphi, \overline{\varphi}\rangle .$$

Osserviamo ora che per $n \geqslant 3$ la funzione $\frac{1}{4\pi r^2}$ è una distribuzione temperata; sia $E = \overline{\mathcal{F}}(\frac{1}{4\pi r^2})$ poichè $\overline{\mathcal{F}}(\mathcal{S}') = \mathcal{S}'$ risulta $E\in\mathcal{S}'$; allora

$$-\Delta E = -\Delta\overline{\mathcal{F}}\left(\frac{1}{4\pi r^2}\right) = \overline{\mathcal{F}}\left(4\pi r^2 \frac{1}{4\pi r^2}\right) = \overline{\mathcal{F}}(1) = \delta .$$

Consideriamo questa soluzione elementare, dalla (7.3) e (7.5) si ha

$$\langle E * \varphi , \overline{\varphi} \rangle = \langle \mathcal{F} E . \varphi , \overline{\varphi} \rangle =$$

$$\langle \frac{1}{4\pi r^2} \varphi , \overline{\varphi} \rangle = \int \frac{\varphi \overline{\varphi}}{4\pi r^2} dx = \int \frac{|\varphi|^2}{4\pi r^2} dx \geqslant 0 .$$

2) Sia n = 1,2; supponiamo per assurdo che lo spazio W associato a $-\Delta$ sia uno spazio normale di distribuzioni, tale sarà allora anche $\overline{W}'$. Sia G il nucleo di $\overline{W}'$; osserviamo che W, $\overline{W}'$ sono invarianti per tralsazioni in R^n, e che $-\Delta$ e G sono permutabili con le traslazioni; come è noto risulta

$$G\varphi = T * \varphi \qquad G\varphi , T \in \mathcal{D}' , \quad \varphi \in \mathcal{D} ;$$

d'altra parte G è anche di tipo positivo cioè

$$\langle G\varphi , \overline{\varphi} \rangle = \langle T * \varphi , \overline{\varphi} \rangle \geqslant 0 , \quad \forall \varphi \in \mathcal{D} ;$$

è noto allora (th. di Bochner generalizzato) che T è la trasformata di Fourier di una misura temperata positiva. Poichè è

$$-\Delta (G\varphi) = \varphi \qquad , \forall \varphi \in \mathcal{D}$$

si ha

$$-\Delta (T * \varphi) = \varphi , \quad \forall \varphi \in \mathcal{D}$$

$$\mathcal{F}(-\Delta (T * \varphi)) = \mathcal{F}\varphi , \quad \forall \varphi \in \mathcal{D}$$

$$4\pi r^2 \mathcal{F} T . \mathcal{F}\varphi = \mathcal{F}\varphi$$

e quindi deve essere

$$4\pi r^2 \mathcal{F} T = 1$$

$$\mathcal{F} T = \mathrm{Pf} \frac{1}{4\pi r^2} + \mathcal{U} ; \tag{7.6}$$

$\mathcal{U}$ essendo una distribuzione con supporto nell'origine; ma $\mathcal{F}$ T deve essere anche una misura temperata positiva : impossibile per la (7.6).

<u>Osservazione</u>. Nel caso $n \geq 3$, l'operatore E * costruito nel teorema è proprio l'operatore di Green. Sia M un inverso bilatero di tipo positivo di $-\Delta$; allora M è permutabile con le traslazioni e quindi è

$$M\varphi = T * \varphi \qquad , \varphi \in \mathcal{D}, \quad T \in \mathcal{D}' ;$$

siccome M è di tipo positivo si ha

$$\langle T * \varphi , \overline{\varphi} \rangle \geq 0$$

quindi $\mathcal{F}$ T è una misura temperata ≥ 0 e ciò implica, con gli stessi ragionamenti di 2), che

$$4\pi r^2 \mathcal{F} T = 1$$

$$T = \frac{1}{4\pi r^2} + \mathcal{U}$$

con $\mathcal{U}$ distribuzione di supporto l'origine tale che

$$4\pi r^2 \mathcal{U} = 0$$

($\overline{\mathcal{F}} \mathcal{U}$ è un polinomio armonico); siccome $\mathcal{F}$ T deve essere una misura ≥ 0 si deve avere

$$\mathcal{U} = c\,\delta \qquad , \qquad c \geq 0 ;$$

la più piccola misura corrisponde a $C = 0$ e quindi E * è l'operatore di Green.

8.- Teoria del potenziale su di un aperto.

Vogliamo ora mostrare come si possa costruire una teoria del potenziale su un aperto $\Omega \subset R^n$ sfruttando la teoria già svolta nel § 7 su tutto R^n.

Sia D un nucleo

$$D : \mathcal{D} \longrightarrow \mathcal{D}' \;;$$

possiamo allora definire la restrizione D_Ω di D all'aperto Ω mediante la seguente sequenza

$$D_\Omega : \mathcal{D}(\Omega) \xrightarrow{\;{}^t i\;} \mathcal{D} \xrightarrow{\;D\;} \mathcal{D}' \xrightarrow{\;i\;} \mathcal{D}'(\Omega)$$

ove ${}^t i$ è l'immersione di $\mathcal{D}(\Omega)$ in $\mathcal{D}$.

Quindi è :

$$D_\Omega = i \circ D \circ {}^t i \;;$$

D_Ω è un nucleo $\geqslant 0$ su $\mathcal{D}'(\Omega)$, ad esso è associato lo spazio hilbertiano delle cariche d'energia finita che indicheremo con W_Ω. Si ha che

$$i : W \longrightarrow W_\Omega$$

si ricordi anche che

$$i(W) = W_\Omega$$

nel senso delle immagini hilbertiane (pag.48).

Per quanto abbiamo già visto in § 4, è

$$\|T_0\|_{W_\Omega} = \inf_{i\,T=T_0} \|T\|_W \quad , \quad T_0 \in W_\Omega$$

ed allora esiste una $\tilde{T} \in W$ tale che

$$\| \tilde{T} \|_W = \| T_o \|_{W_\Omega} ,$$

e $i\,\tilde{T} = T_o$. In altre parole si ha il seguente fatto :

<u>ogni carica di energia finita su Ω può prolungarsi in modo unico in una carica di energia finita su R^n in modo che la carica su R^n abbia la stessa energia della carica su Ω</u> .

Osserviamo ancora che la $\tilde{T}$ è ortogonale a tutte le distribuzioni T di energia finita su R^n che hanno restrizione ad Ω nulla, cioè per le quali

$$i\,T = 0 ;$$

in altre parole $\tilde{T}$ è ortogonale a tutte le cariche di energia finita aventi supporto in $R^n - \Omega$.

Se D è un operatore differenziale a coefficienti C^∞ allora $\tilde{T}$ ha supporto in $\bar{\Omega}$. Infatti $T_o = \lim\limits_{\mathcal{D}'(\Omega)} D\varphi_j$, $\varphi_j \in \mathcal{D}(\Omega)$, quindi

$$\tilde{T} = \lim_{\mathcal{D}'} D\varphi_j$$

e questo significa che $\tilde{T}$ ha supporto in $\bar{\Omega}$.

Sempre se D è un operatore differenziale a coefficienti C^∞, si ha che ovviamente W_Ω è spazio normale di distribuzioni; osserviamo che il suo antiduale $(\overline{W_\Omega})'$ è lo spazio quoziente di $\bar{W}'$ rispetto alle funzioni armoniche su Ω e quindi non coincide con $(\overline{W'})_\Omega$ che è lo spazio quoziente di $\bar{W}'$ rispetto alle funzioni nulle su Ω . Ricordiamo infine che $(\overline{W_\Omega})'$ è spazio normale di distribuzioni.

Per quanto riguarda G_{Ω} si ha che esso è il più piccolo degli operatori inferiori alla restrizione di G ad Ω ; G_{Ω} non è però il più piccolo inverso di D_{Ω}.

Per quanto riguarda i potenziali delle cariche su Ω si ha che essi possono prolungarsi a tutto R^n ma in un solo modo se si vuole conservare la loro norma.

CENTRO INTERNAZIONALE MATEMATICO ESTIVO

(C.I.M.E.)

J. B. D I A Z

SOLUTION OF THE SINGULAR CAUCHY PROBLEM FOR A SINGULAR SYSTEM OF PARTIAL DIFFERENTIAL EQUATIONS IN THE MATHEMATICAL THEORY OF DYNAMICAL ELASTICITY

ROMA - Istituto Matematico dell'Università

SOLUTION OF THE SINGULAR CAUCHY PROBLEM FOR A SINGULAR SYSTEM OF PARTIAL DIFFERENTIAL EQUATIONS IN THE MATHEMATICAL THEORY OF DYNAMICAL ELASTICITY

by J.B. DIAZ

An important rôle in mathematical physics is played by the so called wave equation, that is, by the partial differential equation (in the n real "space" variables $x_1,\ldots,x_n$ and a single real "time" t) :

$$\Delta u = \frac{\partial^2 u}{\partial t^2} , \qquad (W)$$

where the second order partial differential operator

$\Delta = \frac{\partial^2}{\partial x_1^2} + \frac{\partial^2}{\partial x_2^2} + \ldots + \frac{\partial^2}{\partial x_n^2}$ is the Laplacian, and $u(x_1,\ldots,x_n,t)$ is a real valued function, the speed of sound having been taken as unity. The theory of the (regular) wave equation above is closely connected with the theory of the (singular) second order partial differential equation

$$\Delta u = \frac{\partial^2 u}{\partial t^2} + \frac{k}{t}\frac{\partial u}{\partial t} , \qquad (EPD)$$

where k is a parameter. This singular partial differential equation has occurred, for special values of k and n, in many important and classical problems since the time of Euler. (For self contained accounts of the theory of the Euler-Poisson-Darboux equation, (EPD), which has been extensively studied by the Maryland school, reference is made to A. Weinstein [1] , [2] , J.B.Diaz and G.S.S. Ludford [5] , J.B.Diaz [3] , for solutions in the classical sense; and to J.L.Lions [6] , for solutions in a generalized sense).

Another important rôle in mathematical physics is played by the system of the dynamical equations of elasticity (which will be referred to, for brevity, as the "elasticity system"), that is, the system of partial differential equations :

$$a^2 \Delta u_i + (b^2 - a^2)\frac{\partial}{\partial x_i}\left[\sum_{j=1}^{n} \frac{\partial u_j}{\partial x_j}\right] = \frac{\partial^2 u_i}{\partial t^2} , \qquad (E)$$

$i = 1,\ldots,n$, where the n real valued functions u_i are the displacements, and the real numbers a^2, b^2 are physical constants. The present paper originated from a conversation between J.L.Lions and the writer, during which they realized that (essentially) they had asked themselves, in equivalent forms, the following specific question : does there exist a (singular) system of partial differential equations which plays the same part, in the theory of the (regular) elasticity system, as the single (singular) Euler-Poisson-Darboux partial differential equation plays in the theory of the single (regular) wave equation? It is clear that if such a singular system does exist then it appears highly desirable to develop its theory, as a counterpart to the known results concerning the single Euler-Poisson-Darboux partial differential equation, or even purely for its own mathematical sake, if nothing else. Accordingly, the following question was formulated explicitly, at the time of the initial conversation : Question I : Is there a singular system of partial differential equations, call it (S), such that (expressed in the familiar geometrical language of proportion ratios) the system (S) is to the regular elasticity system (E) as the (single) singular partial differential equation (EPD) is to the (single) regular partial differential equation (W)? To repeat this question in an obvious symbolical notation : Is there a system (S) such that (S) : (E) = (EPD) : (W)?

In a sense, question (I) is not well posed, because it appears, on the one hand, that the choice of the system (S) is, without further detailed specification, largely arbitrary; while, on the other hand, the system

$$a^2 \Delta u_i + (b^2 - a^2) \frac{\partial}{\partial x_i}\left[\sum_{j=1}^{n} \frac{\partial u_j}{\partial x_j}\right] = \frac{\partial^2 u_i}{\partial t^2} + \frac{k}{t}\frac{\partial u_i}{\partial t}, \quad i=1,\ldots,n,$$

(a system which is obtained merely by replacing $\frac{\partial^2 u_i}{\partial t^2}$, on the right hand side of the elasticity system (E), by $\frac{\partial^2 u_i}{\partial t^2} + \frac{k}{t}\frac{\partial u_i}{\partial t}$) presents itself immediately to the mind as a logical candidate for the system (S). But, in order that this system may be truly regarded as a system (S), in the sense of the symbolic proportion (S) : (E) = (EPD) : (W), it must be true that there is "something", in the explicit solution of the singular Cauchy problem for this system :

$$a^2 \Delta u_i + (b^2 - a^2) \frac{\partial}{\partial x_i}\left[\sum_{j=1}^{n} \frac{\partial u_j}{\partial x_j}\right] = \frac{\partial^2 u_i}{\partial t^2} + \frac{k}{t}\frac{\partial u_i}{\partial t}$$

$$u_i(x_1,\ldots,x_n,0) = f_i(x_1,\ldots,x_n), \quad \frac{\partial u_i}{\partial t}(x_1,\ldots,x_n,0) = 0, \quad i=1,\ldots,n,$$

which plays a rôle exactly analogous to that played by the "peripheral spherical mean value of a single function" in the explicit solution of the singular Cauchy problem for the Euler-Poisson-Darboux equation :

$$\Delta u = \frac{\partial^2 u}{\partial t^2} + \frac{k}{t}\frac{\partial u}{\partial t} ,$$

$$u(x_1,..,x_n,0) = g(x_1,..,x_n) , \quad \frac{\partial u}{\partial t}(x_1,..,x_n,0) = 0 .$$

This raises the second question, roughly speaking, for the moment, as to just exactly what this "something" really is. In order to arrive at a more precise formulation of this second question in a natural manner, it is appropriate, at this juncture, to recall briefly the pertinent known results concerning the singular Cauchy problem for the Euler-Poisson-Darboux equation (compare, e.g., the references given above, for a more detailed discussion of all the matters under review).

When $k = 0$, the (EPD) equation reduces to the wave equation (W), while if $k \neq 0$ then the coefficient k/t occurring in the (EPD) equation is infinite on the "plane" $t = 0$. "The" singular Cauchy problem for the (EPD) equation is infinite on the "plane" $t = 0$. "The" singular Cauchy problem for the (EPD) equation consists in the determination of a solution $u(x_1,..,x_n,t)$ of the (EPD) equation which satisfies the following initial conditions on the "singular" plane $t = 0$:

$$u(x_1,...,x_n,0) = g(x_1,...,x_n) ; \quad \frac{\partial u}{\partial t}(x_1,...,x_n,0) = 0,$$

where $g(x_1,...,x_n)$ is a given function. For k any real number, this problem was first solved by A. Weinstein [1] , who employed what he termed the "method of recurrence" and a "generalized method of descent".

It is well known that for $k = n-1$ the singular Cauchy

problem consisting of the particular (EPD) equation

$$\Delta u = \frac{\partial^2 u}{\partial t^2} + \frac{n-1}{t}\frac{\partial u}{\partial t},$$

i.e., the (EPD) equation with the particular value of k taken to be n-1, and the same initial conditions

$$u(x_1,\ldots,x_n,0) = g(x_1,\ldots,x_n) \; ; \; \frac{\partial u}{\partial t}(x_1,\ldots,x_n,0) = 0,$$

is given by a generalization of a formula of Poisson :

$$u^{n-1}(x_1,\ldots,x_n,t) = \frac{1}{\omega_n}\int_{\sum_{i=1}^{n}\xi_i^2=1} g(x_1+\xi_1 t, x_2+\xi_2 t,\ldots,x_n+\xi_n t)\,d\omega_n(\xi),$$

where the exponent n-1 is a reminder that k = n-1, $d\omega_n(\xi)$ is the surface element of the unit sphere in n-dimensional Euclidean space, and ω_n is the area of the same sphere. Using the formula just written, and Hadamard's "method of descent", the following explicit formula for the solution of the singular Cauchy problem for the Euler-Poisson-Darboux equation :

$$u^k(x_1,\ldots,x_n,t) =$$

$$= \frac{\omega_{k+1-n}}{\omega_{k+1}}\int_{\sum_{i=1}^{n}\xi_i^2<1} g(x_1+\xi_1 t,\ldots,x_n+\xi_n t)\left(1-\sum_{i=1}^{n}\xi_i^2\right)^{\frac{k-n-1}{2}} d\xi_1\ldots d\xi_n$$

may be obtained when k is any positive integer of the sequence n , n+1, n+2,..., and this formula may then be readily verified to give a solution of the singular Cauchy problem for any real $k > n-1$. (This procedure is called by Weinstein the "generalized method of descent"). For $k < n-1$, with $k \neq -1, -3, -5,\ldots$ (the odd negative integers, $-1,-3,-5,\ldots$, play an "exceptional" rôle in the singular Cauchy problem, as was first pointed out by Weinstein [1]) one may obtain a solution of the singular Cauchy problem by <u>either</u> : (1) analytic continuation of the last definite integral, with respect to the parameter k, to values of $k < n-1$, as was done by J.B.Diaz and H.F.Weinberger [4] , <u>or else</u> (2) : as was done by Weinstein [1] , by employing his "recurrence relations" which relate solutions of the (EPD) equation for various values of the parameter k. Thus, it is clear that the explicit solution of the singular Cauchy problem for the (EPD) equation for the particular value $k = n-1$ is of fundamental importance in order to construct the above described theory of the singular Cauchy problem for the (EPD) equation for an arbitrary value of the parameter k.

Now, the "regular" Cauchy problem for the elasticity system (E) which corresponds, in a natural manner, to the regular Cauchy problem just considered for the wave equation (W), is precisely that which consists in determining a solution, i.e. an n-tuple of functions $u_1(x_1,\ldots,x_n,t),\ldots, u_n(x_1,\ldots,x_n,t)$, which satisfies the elasticity system (E) and at the same time fulfills the initial conditions

$$u_i(x_1,\ldots,x_n,0) = f_i(x_1,\ldots,x_n); \quad \frac{\partial u_i}{\partial t}(x_1,\ldots,x_n,0)=0,$$

for $i = 1,\ldots,n$, where the n functions $f_1(x_1,\ldots,x_n),\ldots,f_n(x_1,\ldots,x_n)$ are given functions. (The Cauchy data now consists of an n-tuple of given functions $f_1,\ldots,f_n$, rather than of a single function g). Supposing that the singular system described before is indeed a singular system (S), of the nature required by question I above, then the system (S) does contain a linear parameter k and a coefficient k/t which is singular on the plane t = 0. Further, the "singular" Cauchy problem for the system (S) will consist merely in finding a solution $u_1(x_1,\ldots,x_n,t),\ldots,u_n(x_1,\ldots,x_n,t)$ of the singular system which fulfills the same initial conditions just encountered, to wit

$$u_i(x_1,\ldots,x_n,0) = f_i(x_1,\ldots,x_n) \ ; \ \frac{\partial u_i}{\partial t}(x_1,\ldots,x_n,0) = 0 \ ,$$

for i = 1,..,n. Still further, when one puts k = 0 in this particular singular system (S), the singular Cauchy problem for the singular system (S) will reduce to the above described "regular" Cauchy problem for the elasticity system (E), because when k = 0 the singular system (S) does reduce to the (regular) elasticity system (E).

The second question alluded to above, just after the first question, now poses itself. Presumably, for this particular system (S) there is a "distinguished" value of the parameter k (perhaps it is n-1, as for the (EPD) equation) which is fundamental in the solution of the singular Cauchy problem for the particular system (S). For this particular ("distinguished") value of k there should be an explicit formula for the solution of the singular Cauchy problem for the system (S), purely in terms of the n given functions $f_1(x_1,\ldots,x_n),\ldots,f_n(x_1,\ldots,x_n)$. By analogy with what happens in the singular Cauchy problem for the (EPD) equation, this expected explicit formula for the solution of the singular Cauchy problem for the singular system (S), with the parameter k equal to the "distinguished" value, will be termed, for the time being, the "peripheral spherical mean value of an n-tuple of functions $f_1(x_1,\ldots,x_n),\ldots,f_n(x_1,\ldots,x_n)$". Using this terminology, the second question mentioned above may be formulated thus : Question II : What is the explicit formula for the "peripheral spherical mean value of n functions $f_1(x_1,\ldots,x_n),\ldots,f_n(x_1,\ldots,x_n)$", and what is the "distinguished" value of the parameter k? The answer to this question, and the explicit solution of the singular Cauchy problem for the particular singular system (S), is to appear in [7].

B I B L I O G R A P H Y

1. A.WEINSTEIN, Sur le problème de Cauchy pour l'équation de Poisson et l'équation des ondes, Comptes Rendus Acad. Sci.Paris, 234 (1952), p.2584.

2. A.WEINSTEIN, On the Cauchy problem for the Euler-Poisson-Darboux equation, Bull.Amer.Math.Soc.,59 (1953), p.454. On the wave equation of Euler-Poisson, Proc. 5° Symposium in Applied Mathematics, 1952 (McGraw-Hill, 1954), p.137.

3. J.B.DIAZ, On singular and regular Cauchy problems, Communications on Pure and Applied mathematics, vol.9, 1956, 383-390 (presented at the Symposium on Differential equations held at the University of California at Berkeley, June, 1955).

4. J.B.DIAZ and H.F.WEINBERGER, A solution of the singular initial value problem for the Euler-Poisson-Darboux equation, Proc.Amer.Math.Soc., 4 (1953), pp.703-718.

5. J.B.DIAZ and G.S.S.LUDFORD, On the Euler-Poisson-Darboux equation, integral operators, and the method of descent, Proceedings of the Conference on Differential equations (dedicated to A.Weinstein on the occasion of his 60th. birthday), University of Maryland (1956) p.73.

6. J.L.LIONS, Equations differentielles-operationelles et problèmes aux limites, Springer, 1961.

7. J.B.DIAZ and J.L.LIONS, Solution of the singular Cauchy problem for a singular system of partial differential equations in the mathematical theory of dynamical elasticity(to appear).

CENTRO INTERNAZIONALE MATEMATICO ESTIVO

(C.I.M.E.)

J. G O B E R T

UN CAS CRITIQUE DU PROBLEME DE DIRICHLET-NEUMANN

ROMA - Istituto Matematico dell'Università

UN CAS CRITIQUE DU PROBLEME DE DIRICHLET-NEUMANN

par

J. Gobert

1. Considérations générales.

Nous considérons des opérateurs matriciels de dérivation $\mathcal{A}(D)$ de la forme

$$\mathcal{A}(D) = (\mathcal{A}_{ij}(D)) \quad \begin{array}{l} i = 1,\ldots,\mathcal{N}, \\ j = 1,\ldots, N \end{array}$$

les $\mathcal{A}_{ij}(D)$ désignant des opérateurs linéaires à coefficients constants où D est mis pour $(D_{x_1},\ldots, D_{x_n})$.

Nous appelons ordre d'un opérateur matriciel, l'ordre maximum de ses éléments et partie principale $\overset{\circ}{\mathcal{A}}(D)$, l'opérateur obtenu en ne conservant que les termes d'ordre maximum.

Nous dirons que l'opérateur $\mathcal{A}(D)$ est elliptique si le système $\overset{\circ}{\mathcal{A}}(i\xi)\vec{x} = 0$ obtenu en remplaçant D par $i\xi = (i\xi_1,\ldots,i\xi_n)$ n'admet que la solution $\vec{x} = 0$ pour tout $\xi \in E_n \neq 0$.

Nous serons amenés également à considérer des fonctions $\vec{u}(x) = (u_1(x),\ldots,u_N(x))$ à valeurs dans l'espace vectoriel C_N et définies dans un ouvert $\Omega \subset E_n$, espace euclidien à n dimensions. Nous dirons qu'une telle fonction est continue, intégrable,... si chacune de ses composantes est continue, intégrable,...

Nous définissons alors $\mathcal{A}(D)\vec{u}$, au sens des distributions, comme l'élément de $L_1^{loc}(\Omega)$, unique s'il existe, tel que

$$\int_\Omega \mathcal{A}(D)\vec{u} \times \overline{\vec{\varphi}} \, dx = \int_\Omega u \times \overline{\mathcal{A}^*(-D)\vec{\varphi}} \, dx ,$$

pour tout $\vec{\varphi} \in D(\Omega)$, espace des fonctions indéfiniment dérivables à support compact.

En plus des opérateurs de forme arbitraire introduits ci-dessus, nous considérons des opérateurs essentiellement carrés que nous désignons par A(D). Un tel opérateur est dit <u>fortement elliptique</u> s'il peut s'écrire sous la forme

$$A(D) = \mathcal{A}^*(-D)\,\mathcal{A}(D) ,$$

$\mathcal{A}(D)$ désignant un opérateur elliptique.

2. <u>Exemples d'opérateurs fortement elliptiques</u>.

- $A = -\Delta$ (opérateur du potentiel).

Visiblement,

$$\mathcal{A}(D) = \begin{pmatrix} D_{x_1} \\ \vdots \\ D_{x_n} \end{pmatrix}$$

est un opérateur elliptique et $|\mathcal{A}u|^2 = |\text{grad } u|^2$.

- $A = -\left[b^2\Delta + (a^2-b^2)\text{grad div}\right]$ (opérateur de l'élasticité).

Sous forme matricielle, cet opérateur s'écrit

$$A = -\begin{pmatrix} b^2\Delta + (a^2-b^2)\,D^2_{x_1^2} & & (a^2-b^2)\,D^2_{x_i x_j} \\ & \ddots & \\ (a^2-b^2)\,D^2_{x_i x_j} & & b^2\Delta + (a^2-b^2)\,D^2_{x_n^2} \end{pmatrix}$$

On vérifie aisément que

$$A(D) = \mathcal{O}\!\!\!\mathcal{L}^{*}(-D)\, \mathcal{O}\!\!\!\mathcal{L}(D)$$

si

$$\mathcal{O}\!\!\!\mathcal{L}(D) = \begin{pmatrix} \sqrt{a^2-2b^2}\, D_{x_1} & \cdot\ \cdot\ \cdot & & \sqrt{a^2-2b^2}\, D_{x_n} \\ \sqrt{2}\ b\ D_{x_1} & & & \\ & \cdot & & \\ & & \cdot & \\ & & \cdot & \sqrt{2}\ b\ D_{x_n} \\ & & & \\ b\ D_{x_j} & b\ D_{x_i} & & \\ (\text{col } i) & (\text{col } j) & & \end{pmatrix}$$

opérateur également elliptique.

Dans ce cas,

$$|\mathcal{O}\!\!\!\mathcal{L}\vec{u}|^2 = (a^2-2b^2)\,|\mathrm{div}\ \vec{u}|^2 + 2b^2 \sum_{i,j} \left| \frac{D_{x_j} u_i + D_{x_i} u_j}{2} \right|^2$$

tandis que les solutions régulières de $\mathcal{O}\!\!\!\mathcal{L} u = 0$ sont de la forme $\vec{u} = Sx + \vec{a}$ où $\tilde{S} = -S$ et où $\vec{a}$ désigne un vecteur constant.

3. Introduction de quelques espaces de Hilbert.

- Espace $L_2(\Omega)$ des fonctions vectorielles (en abrégé L_2).

C'est l'ensemble des fonctions $\vec{u}$ dont les composantes sont dans $L_2(\Omega)$ muni du produit scalaire

$$(\vec{u}, \vec{v})_{L_2(\Omega)} = \sum_{i=1}^{N} (u_i\ v_i)_{L_2(\Omega)} .$$

- <u>Espace</u> $H_m(\Omega)$ <u>des fonctions vectorielles</u> (en abrégé H_m).

Suivant la coutume, nous désignons par μ le système d'entiers non-négatifs $(\mu_1, \ldots, \mu_n)$ et par $|\mu|$ la quantité $\sum \mu_i$. Nous posons alors $D^{\mu}\vec{u} = (D^{\mu}u_1, \ldots, D^{\mu}u_N)$. Cela étant, l'espace $H_m(\Omega)$ est l'ensemble des $\vec{u}$ tels que $\underline{D}^{\mu}\vec{u} \in L_2(\Omega)$ pour tout μ tel que $|\mu| \leq m$; il est muni du produit scalaire

$$(\vec{u}, \vec{v})_{H_m(\Omega)} = \sum_{|\mu|\leq m} (\underline{D}^{\mu}\vec{u}, \underline{D}^{\mu}\vec{v})_{L_2(\Omega)} .$$

- <u>Espace</u> $H_{m,e}(\Omega)$, $e \subset \mathring{\Omega}$. (en abrégé $H_{m,e}$).

C'est un sous-espace linéaire fermé du précédent, formé par l'adhérence dans $H_m(\Omega)$ des éléments de $H_m(\Omega)$ identiquement nuls au voisinage de $e \subset \mathring{\Omega}$.

- <u>Espace</u> $V(\Omega)$ <u>lié à un opérateur</u> $\mathcal{Q}$ <u>d'ordre</u> m (en abrégé V).

C'est l'ensemble des fonctions $\vec{u} \in L_2(\Omega)$ telle que $\underline{\mathcal{Q}}(D)\ \vec{u} \in L_2(\Omega)$. Il est doué du produit scalaire

$$(\vec{u}, \vec{v})_{V(\Omega)} = (\vec{u}, \vec{v})_{L_2(\Omega)} + (\underline{\mathcal{Q}}\,\vec{u}, \underline{\mathcal{Q}}\,\vec{v})_{L_2(\Omega)} .$$

- <u>Espace</u> $V_e(\Omega)$, $e \subset \mathring{\Omega}$ (en abrégé V_e) .

C'est un sous-espace linéaire fermé du précédent, formé par l'adhérence dans $V(\Omega)$ des éléments de $V(\Omega)$ identiquement nuls au voisinage de $e \subset \mathring{\Omega}$.

4. <u>Inégalité de Coercition</u>.

Entre les espaces $H_{m,e}$ et V_e , on a la relation d'inclusion

$$H_{m,e} \subset V_e \ ,$$

avec la majoration

$$|\vec{u}|_{V_e} \leqslant C \, \|\vec{u}\|_{H_{m,e}}$$

pour tout $\vec{u} \in H_{m,e}$.

Aronszajn, et Agmon par la suite, ont donné les conditions sous lesquelles, l'inégalité en sens inverse existe pour un opérateur scalaire.

Il est possible de généraliser ce théorème aux opérateurs matriciels de dérivation et de donner les conditions pour avoir

$$|\vec{u}\|_{H_{m,e}} \leqslant C \, \|\vec{u}\|_{V_e} \ ,$$

pour tout $\vec{u} \in H_{m,e}$.

Si $e^* = \complement_{\Omega} e$ est borné et l'ouvert Ω suffisamment régulier au voisinage de e^* (ouvert $\mathcal{C}_m$ au voisinage de e^*), les conditions nécessaires et suffisantes à l'existence de l'inégalité en question sont :

1° - l'ellipticité de l'opérateur $\mathcal{A}$,

2° - pour tout $x_o \in e^*$, si les $\vec{\tau}_j$ $(j = 1,\dots,n-1)$ forment un système de (n-1) vecteurs unitaires tangents à $\dot{\Omega}$ et orthogonaux entre eux et $\vec{\eta}$ le vecteur normal unitaire, la non-existence de fonction $\vec{u}(t) \in H_m(E_1^+ = \{t : t > o\})$ telle que

$$\mathring{\mathcal{A}}(i \sum_{j=1}^{n-1} \xi_j \vec{\tau}_j + \vec{\eta} D_t) \vec{u}(t) = 0$$

pour tous les $\xi \in E_{n-1}$ tels ques $|\xi| = 1$.

Nous appellerons dorénavant ces conditions et l'inégalité, respectivement, les conditions et l'inégalité de N. Aronszajn.

Pour l'opérateur

$$\mathcal{A} = \begin{pmatrix} D_{x_1} \\ \cdot \\ \cdot \\ \cdot \\ D_{x_n} \end{pmatrix} ,$$

le problème de la validité de cette inégalité ne se pose pas puisqu'alors $H_{1,e} \equiv V_e$.

Par contre, pour l'opérateur de l'élasticité, on peut vérifier que cette condition est réalisée.

5. Amélioration de certaines inégalités.

En vue d'améliorer l'inégalité donnée ci-dessus, démontrons la proposition suivante :

L'inégalité

$$\|\vec{u}\|^2_{H_m} \leq C[\|\underline{\mathcal{A}}\vec{u}\|^2_{L_2} + \|\vec{u}\|^2_{L_2}] ,$$

valable pour tout $\vec{u} \in \mathcal{E}$, sous-espace linéaire fermé de $H_{m,e}$, entraîne l'inégalité

$$\|\vec{u}\|_{H_m} \leq C' \|\mathcal{A}\vec{u}\|_{L_2} ,$$

pour tout $\vec{u} \in \mathcal{E}$ si les conditions suivantes sont réalisées :

1°) $\underline{\mathcal{A}}\vec{u} = 0$ avec $\vec{u} \in \mathcal{E}$, entraîne $\vec{u} = 0$,

2°) tout ensemble borné dans $\mathcal{E}$ est compact dans L_2.

Si l'inégalité est fausse, il existe en effet une suite de fonctions $\vec{u}_p \in \mathcal{E}$ telles que $\|\vec{u}_p\|_{H_m} = 1$ alors que $\| \underline{\mathcal{Q}} \vec{u}_p \| \to 0$. De cette suite, nous pouvons extraire une sous-suite convergeant dans L_2 et qui en vertu de l'inégalité donnée par hypothèse, converge dans H_m vers $\vec{u}$. On arrive à une absurdité puisque d'une part $\underline{\mathcal{Q}} \vec{u} = 0$ et par suite $\vec{u} = 0$ et d'autre part $\|\vec{u}\|_{H_m} = 1$.

Cela étant, si les conditions de N. Aronszajn sont vérifiées et si l'ouvert Ω est borné, on a

$$\|\vec{u}\|_{H_{m,e}} \leqslant C \| \underline{\mathcal{Q}} \vec{u} \|_{L_2} ,$$

pour tout $\vec{u} \in H^*_{m,e}$, sous-espace linéaire fermé de $H_{m,e}$ dans lequel $\mathcal{Q}\vec{u} = 0$ avec $\vec{u} \in H_{m,e}$, entraîne $\vec{u} = 0$.

Indiquons comment construire $H^*_{1,e}$ pour les opérateurs du potentiel et de l'élasticité lorsque e contient une variété à (n-1) dimensions suffisamment régulière.

a) Si $e \neq \emptyset$, alors $\mathcal{Q}\vec{u} = 0$ avec $\vec{u} \in H_{1,e}$ entraîne $\vec{u} = 0$. On peut donc prendre $H^*_{1,e} \equiv H_{1,e}$.

b) Si $e = \emptyset$, il suffit alors de prendre pour H^*_1 , le sous-espace linéaire fermé de H_1 orthogonal dans L_2 aux solutions de $\mathcal{Q}\vec{u} = 0$ dans H_1 c'est-à-dire les fonctions u telles que $\int u \, dx = 0$ dans le cas du potentiel et les fonctions $\vec{u}$ telles que

$$\int (x_i u_k - x_k u_i) dx = 0 \qquad (i,k = 1,\dots,n)$$

et

$$\int u_i \, dx = 0 \qquad (i = 1,\dots,n)$$

dans le cas de l'élasticité.

6. <u>Inégalités préliminaires relatives au problème de Dirichlet-Neumann</u> $A\vec{u} = \vec{f}$.

En plus de la possibilité de généralisation des inégalités de K.O. Friedrichs et H. Poincaré, le théorème précédent permet d'établir les inégalités nécessaires au problème que nous allons poser, relatif à l'opérateur A .

Décomposons $e^* = C^{\circ}_{\Omega} e$ en deux ensembles disjoints e^{*r} et e^{*i} , l'ouvert Ω non nécessairement borné étant $\mathcal{C}_m$ au voisinage de e^{*r} sans l'être au voisinage de e^{*i} .

Considérons alors les ouverts

$$\omega_\lambda = \Omega \cap \{x : d(x, e^{*,i}) > \frac{1}{\lambda} , |x| < \lambda\} ,$$

$\lambda \geq \lambda_0$, λ_0 étant fixé comme on va l'indiquer.

Nous choisissons ces ouverts de façon qu'ils soient $\mathcal{C}_m$ au voisinage de leur frontière sauf pour la partie de celle-ci commune avec e. Nous supposons en outre que l'opérateur $\mathcal{Q}$ satisfait aux conditions de N. Aronszajn quel que soit le système de vecteurs $\vec{\tau}_1 \dots \vec{\tau}_{n-1}, \vec{\eta}$.

Désignons alors par W l'espace de $\vec{u} \in H_m(\omega_\lambda)$ pour tout $\lambda \geq \lambda_0$ tels que $\mathcal{Q}\vec{u} \in L_2(\Omega)$; munissons-le de la topologie définie par les normes

$$|\vec{u}|^2_{L_2(\omega_\lambda)} + \|\mathcal{Q}\vec{u}\|^2_{L_2(\Omega)} ,$$

associées à chaque ouvert ω_λ .

Désignons encore par W_e , l'adhérence dans W des éléments $\vec{u}$ de W identiquement nuls au voisinage de e .

Désignons enfin par W_e^*, un sous-espace linéaire fermé de W_e tel que $\underline{\mathcal{Q}}\vec{u} = 0$ dans ω_{λ_o} avec $\vec{u} \in W_e^*$ entraîne $\vec{u} = 0$. Remarquons qu'alors, $\underline{\mathcal{Q}}\vec{u} = 0$ dans ω_λ, $\lambda > \lambda_o$, entraîne $\vec{u} = 0$ dans ω_λ car $\underline{\mathcal{Q}}\vec{u} = 0$ dans ω_λ entraîne $\underline{\mathcal{Q}}\vec{u} = 0$ dans ω_{λ_o} et par suite $\vec{u} = 0$ dans ω_{λ_o} ; il s'ensuit que $\vec{u}$ reste nul dans ω_λ en vertu de l'analyticité réelle des solutions de $\underline{\mathcal{Q}}\vec{u} = 0$.

Bien entendu, si pour une valeur de λ , $\underline{\mathcal{Q}}\vec{u} = 0$ dans ω_λ avec $\vec{u} \in W_e$ entraîne $\vec{u} = 0$, on prendra cette valeur de λ pour λ_o ou une valeur plus grande et $W_e^* \equiv W_e$.

C'est le cas des opérateurs du potentiel et de l'élasticité si pour λ assez grand, ω_λ contient une partie régulière de e . Si, par contre, ce phénomène ne se passe pour aucune valeur de λ , on prendra pour W_e^* , le sous-espace de W_e formé des fonctions orthogonales dans $L_2(\omega_{\lambda_o})$ aux solutions dans W_e de $\underline{\mathcal{Q}}\vec{u} = 0$ dans ω_{λ_o} , λ_o étant alors choisi arbitrairement.

Dans ces conditions, on a

$$\|\vec{u}\|_{H_m(\omega_\lambda)} \leq C(\lambda) \| \underline{\mathcal{Q}}\vec{u} \|_{L_2(\Omega)} \quad ,$$

pour tout $\vec{u} \in W_e^*$.

En effet, si $\vec{u} \in W_e^*$, $\vec{u} \in H_m(\omega_\lambda)$ pour tout λ et $\underline{\mathcal{Q}}\vec{u} \in L_2(\Omega)$. De plus, dans ω_λ , $\underline{\mathcal{Q}}\vec{u} = 0$ entraîne $\vec{u} = 0$ et on a

$$\|\vec{u}\|_{H_m(\omega_\lambda)} \leqslant C(\omega_\lambda) \| \underline{\mathcal{Q}}\vec{u} \|_{L_2(\omega_\lambda)} \leqslant C(\lambda) \| \underline{\mathcal{Q}}\vec{u} \|_{L_2(\Omega)}$$

7. Introduction et position du problème aux limites.

Nous considérons un opérateur A(D) fortement elliptique

s'écrivant sous la forme

$$A(D) = \mathcal{Q}^*(-D)\,\mathcal{Q}(D) \quad ,$$

l'opérateur $\mathcal{Q}(D)$ vérifiant les conditions de N. Aronszajn. Désignons par Ω un ouvert de E_n, $\dot{\Omega}_D$ la partie de la frontière sur laquelle on impose la condition de Dirichlet et $\dot{\Omega}_N = C_{\dot{\Omega}}\dot{\Omega}_D$, la partie sur laquelle on impose la condition de Neumann. Plus précisément, nous désignons par $\dot{\Omega}^r_N$ et $\dot{\Omega}^i_N$ respectivement les parties de $\dot{\Omega}_N$ au voisinage desquelles l'ouvert Ω est ou n'est pas $\mathcal{C}_m$.

Reprenant toutes les notations précédentes en remplaçant resspectivement e par $\dot{\Omega}_D$, e^{*r} par $\dot{\Omega}^r_N$ et e^{*i} par $\mathring{\Omega}^i_N$, nous avons

$$\|\vec{u}\|_{H_m(\omega_\lambda)} \leq C(\lambda)\,\|\mathcal{Q}\,\vec{u}\|_{L_2(\Omega)} ,$$

pour tout $\vec{u} \in W^*_{\dot{\Omega}_D}$, $\lambda \geqslant \lambda_o$, λ_o étant choisi en accord avec les remarques faites, étant entendu qu'il nous est toujours loisible de l'augmenter.

Grâce à cette inégalité, nous pouvons faire de $W^*_{\dot{\Omega}_D}$ un espace de Hilbert en lui donnant le produit scalaire

$$(\mathcal{Q}\vec{u}\,,\mathcal{Q}\vec{v})_{L_2(\Omega)} \quad .$$

Cette expression est visiblement un produit scalaire et l'espace considéré est complet en raison de la dite inégalité. Nous désignerons cet espace de Hilbert par $V^*_{\dot{\Omega}_D}$.

Nous pouvons à présent poser un problème aux limites décent. Nous dirons que u satisfait aux conditions de D-N pour l'opérateur A(D) si les conditions suivantes sont réalisées, auquel cas nous dirons que $\vec{u} \in \mathcal{N}(\Omega)$:

a) Conditions intérieures :

$$\vec{u} \in L_2(\omega_\lambda) \quad , \quad \lambda > \lambda_0 \ ;$$

$$\underline{\mathcal{Q}}\vec{u} \in L_2(\Omega) \quad ;$$

$$\underline{A}\vec{u} \in L_2(\Omega) \quad ,$$

le support de $\underline{A}\vec{u}$ étant compact dans $\bar{\omega}_{\lambda_0}$.

b) Conditions de Dirichlet sur $\dot{\Omega}_D$:

$$\vec{u} \in V^*_{\dot{\Omega}_D} \ .$$

c) Condition de Neumann sur $\dot{\Omega}_N$:

$$(\underline{A}\vec{u}, \vec{v})_{L_2} = (\underline{\mathcal{Q}}\vec{u}, \underline{\mathcal{Q}}\vec{v})_{L_2} \quad ,$$

pour tout $\vec{v} \in V^*_{\dot{\Omega}_D}$, les produits scalaires ayant un sens vu a et b.

Les conditions précédentes étant posées, nous appelons <u>problème local de D-N à frontière de Neumann différenciée</u>, celui qui consiste à trouver une fonction $\vec{u} \in \mathcal{N}(\Omega)$ qui vérifie la relation $\underline{A}\vec{u} = \vec{f}$, où $\vec{f} \in L_2(\omega_{\lambda_0})$ est à support compact dans $\bar{\omega}_{\lambda_0}$ et orthogonal dans $L_2(\omega_{\lambda_0})$ aux fonctions $\vec{u} \in W_{\dot{\Omega}_D}$ telles que $\mathcal{Q}\vec{u} = 0$ dans ω_{λ_0} .

Pratiquement, c'est le support de $\vec{f}$ qui détermine λ_0 , puisqu'il nous est toujours possible d'augmenter cette quantité.

8. Résolution du problème.

Le problème ainsi posé admet une solution unique.

Considérons en effet la fonctionnelle antilinéaire

$$(\vec{f}, \vec{v})_{L_2(\Omega)}$$

de $\vec{v} \in V^*_{\mathring{\Omega}_D}$. Elle est bornée car

$$|(\vec{f}, \vec{v})_{L_2}| \leq \|\vec{f}\|_{L_2(\omega_{\lambda_o})} \|\vec{v}\|_{L_2(\omega_{\lambda_o})} \leq C(\lambda_o) \|f\|_{L_2(\omega_{\lambda_o})} \|\underline{\mathcal{Q}}\vec{v}\|_{L_2(\Omega)}$$

$$= C(\lambda_o) \|\vec{f}\|_{L_2(\omega_{\lambda_o})} \|\vec{v}\|_{V^*_{\mathring{\Omega}_D}} .$$

Dès lors, en vertu du théorème de F. Riesz, il existe une fonction $\vec{u}_f \in V^*_{\mathring{\Omega}_D}$ telle que

$$(f, \vec{v})_{L_2} = (\underline{\mathcal{Q}}\vec{u}_f, \underline{\mathcal{Q}}\vec{v})_{L_2} ,$$

pour tout $\vec{v} \in V^*_{\mathring{\Omega}_D}$.

On voit de suite que $\vec{u}_f$ sera la solution cherchée si la relation précédente est non seulement vérifiée pour tout $\vec{v} \in V^*_{\mathring{\Omega}_D}$ mais aussi pour tout $\vec{v} \in W_{\mathring{\Omega}_D}$. Elle sera, en effet, alors valable pour les fonctions $\vec{\varphi} \in D(\Omega)$ ce qui entraînera que

$$A\vec{u}_f = \vec{f} .$$

La condition de Neumann sera alors immédiate.

Remarquons d'abord qu'à tout $\vec{v} \in W_{\mathring{\Omega}_D}$, on peut associer

$\vec{v}^* \in V^*_{\mathring{\Omega}_D}$ tel que

$$(\underline{\mathcal{Q}}\vec{u}, \underline{\mathcal{Q}}\vec{v}) = (\underline{\mathcal{Q}}\vec{u}, \mathcal{Q}\vec{v}^*)_{L_2} ,$$

pour tout $\vec{u} \in V^*_{\mathring{\Omega}_D}$ et tel que

$$(\vec{f}, \vec{v} - \vec{v}^*)_{L_2(\omega_{\lambda_o})} = 0 .$$

Cette fonction $\vec{v}^*$ qui est en fait la projection de $\vec{v}$ dans $V^*_{\mathring{\Omega}_D}$, est donnée par les formules

$$\vec{v}^* = \vec{v} - \sum_{j=1}^{p} \lambda_j \vec{e}_j$$

où les $\lambda_j (j=1,\ldots,p)$ sont choisis de façon que $(\vec{v}^* \vec{e}_i) = 0$ $(i=1,\ldots,p)$ les $\vec{e}_i$ étant les fonctions de $W_{\mathring{\Omega}_D}$ telles que $\mathcal{Q}\vec{e}_i = 0$ dans ω_{λ_o} .

On peut démontrer qu'elles possèdent une base finie. On a donc bien $\vec{v}^* \in V^*_{\mathring{\Omega}_D}$ et $(\vec{f}, \vec{v} - \vec{v}^*)_{L_2(\omega_{\lambda_o})} = 0$ vu l'hypothèse faite sur $\vec{f}$.

La relation

$$(\vec{f}, \vec{v})_{L_2} = (\mathcal{Q}\vec{u}_f, \mathcal{Q}\vec{v})_{L_2}$$

valable pour tout $\vec{v} \in V^*_{\mathring{\Omega}_D}$ devient donc valable pour tout $\vec{v} \in W_{\mathring{\Omega}_D}$ puisque

$$(\vec{f}, \vec{v})_{L_2} = (\vec{f}, \vec{v}^*)_{L_2}$$

et

$$(\underline{\mathcal{Q}}\vec{u}_f, \underline{\mathcal{Q}}\vec{v})_{L_2} = (\underline{\mathcal{Q}}\vec{u}_f, \mathcal{Q}\vec{v}^*)_{L_2} .$$

Enfin la solution est unique car la différence de deux solutions éventuelles vérifierait la relation

$$A\vec{u} = 0$$

et par suite, de la relation de Neumann, on déduirait $(\underline{\mathcal{Q}}\vec{u}, \underline{\mathcal{Q}}\vec{v})_{L_2} = 0$ pour tout $\vec{v} \in V_{\mathring{\Omega}_D}$ donc pour $\vec{v} = \vec{u}$ on aurait $\|\underline{\mathcal{Q}}\vec{u}\|_{L_2} = 0$ et par suite $\vec{u} = 0$.

R E F E R E N C E S

1. S.AGMON : The Coerciveness Problem for integro-differential forms, J.d'An.Math., Vol.6, 1958, p.183-223.

2. N.ARONSZAJN : On coercive integro-differential quadratic forms, Conf.Part.Diff.Equations, Univ.Kansas, 1954, Tech.Rep. N° 14, p.94-106.

3. J.DENY - J.L.LIONS : Les espaces du type de BEPPO-LEVI, Ann.Inst.Fourier, 1955.

4. K.O.FRIEDRICHS : An inequality for potential functions, Am.Journ. of Math., Vol.LXVIII, N°4, 1946.

5. H.G.GARNIR : Les Problèmes aux limites de la Physique Mathématique, Birkhäuser, Bâle, 1958.

6. J.GOBERT : Opérateurs matriciels de dérivation elliptiques et problèmes aux limites, Mém.Soc.Royale des Sc.de Liège (à paraître).

7. J.L.LIONS : Problèmes aux limites en théorie des distributions, Acta Math., 94, 1955.

8. L.SCHWARTZ : Problèmes aux limites dans les équations aux dérivées partielles elliptiques, Second col.sur les éq. aux dér.part., Bruxelles, 1954.

CENTRO INTERNAZIONALE MATEMATICO ESTIVO

(C.I.M.E.)

J. L. L I O N S

ESPACES D'INTERPOLATION - ESPACES DE MOYENNE -

ROMA - Istituto Matematico dell'Università

ESPACES D'INTERPOLATION - ESPACES DE MOYENNE -

par

J.L. LIONS

Introduction.

Dans le N°1 nous rappelons le problème de la construction des couples d'interpolation et rappelons brièvement le construction des espaces de traces.

Dans le N°2 on introduit les espaces de moyennes - et on montre que ces espaces ont la propriété d'interpolation.

Le N°3 montre, entre autres, l'identité (pour des valeurs convenables des paramètres) des espaces de moyenne avec les espaces de traces.

Le N°4 donne une application.

Tous les résultats des N°3 et 4 sont dûs à J.Peetre et l'A.; cfr. Lions-Peetre [1] . Les démonstrations détaillés des résultats de cette note (et des notes aux C.R.Acad.Sc. qui suivront) seront données dans un article en préparation, par J.Peetre et l'A., à paraître aux Comm. Pure Applied Maths.

1. Position du problème. Rappels de méthodes.

1.1. Soient A_0 et A_1 deux espaces de Banach, contenus dans un même espace vectoriel topologique $\mathcal{A}$:

$$A_i \subset \mathcal{A} \,, \qquad i = 0, 1,$$

l'application identité de $A_i \longrightarrow \mathcal{A}$ étant continue.

Pour $a_i \in A_i$, on désigne par $\|a_i\|_{A_i}$ sa norme dans A_i.

On munit l'espace $A_o+A_1 = \{ a \mid a = a_o+a_1,\ a_i \in A_i\}$ de la norme

(1.1) $$\|a\|_{A_o+A_1} = \inf_{a=a_o+a_1} (\|a_o\|_{A_o} + \|a_1\|_{A_1});$$

pour cette norme, A_o+A_1 est un espace di Banach.

On considère maintenant un <u>deuxième triplet d'espaces</u> B_o, B_1, $\mathcal{B}$, $B_i \subset \mathcal{B}$, on introduit $B_o + B_1$ comme ci dessus.

Soit π un opérateur linéaire de $A_o \cap A_1$ dans $B_o \cap B_1$. On peut dire que π <u>est de type</u> $\{A_o, B_o\}$ <u>et</u> $\{A_1, B_1\}$ si

(1.2) $$\|\pi a\|_{B_o} \leq \varpi_o \|a\|_{A_o}, \quad \text{pour tout } a \in A_o \cap A_1,$$

(1.3) $$\|\pi a\|_{B_1} \leq \varpi_1 \|a\|_{A_1}, \quad \text{pour tout } a \in A_o \cap A_1.$$

Si l'on suppose que ces conditions ont lieu et si l'on suppose que

(1.4) $A_o \cap A_1$ est dense dans A_o et dans A_1,

on peut <u>prolonger</u> π <u>par continuité</u> en un opérateur linéaire continu (encore noté π) de A_o (resp. A_1) dans B_o (resp. B_1); en bref :

(1.5) $$\pi \in \mathcal{L}(A_o; B_o) \quad \text{et} \quad \pi \in \mathcal{L}(A_1; B_1).$$

On vérifie sans difficulté le

<u>Lemme 1.1.- Si</u> π <u>est de type</u> $\{A_o, B_o\}$ <u>et</u> $\{A_1, B_1\}$ <u>alors</u>

(1.6) $\pi \in \mathcal{L}(A_o + A_1; B_o + B_1)$.

Couple d'interpolation.

Soit A (resp. B) un espace de Banach, $A \subset A_o + A_1$ (resp. $B \subset B_o + B_1$) avec injèction continue.

On dit que $\{A,B\}$ est un couple d'interpolation si pour tout π vérifiant (1.5) on a :

(1.7) $\pi \in \mathcal{L}(A; B)$.

Le problème que nous nous fixons est celui de donner des constructions explicites et systématiques de couples d'interpolation[(1)] .

Pour mémoire signalons le fondamental théorème de M.Riesz Thorin : soit $A_o = L^{p_o}$, $A_1 = L^{p_1}$, $p_i < \infty$ (pour simplifier), espaces L^p sur un espace localement compact X pour une mesure $\geqslant 0$ μ ; de même $B_o = L^{q_o}(Y, d\nu) = L^{q_o}$, $B_1 = L^{q_1}(Y, d\nu) = L^{q_1}$

Définissons p_θ et q_θ par

$$\frac{1}{p_\theta} = \frac{1-\theta}{p_o} + \frac{\theta}{p_1} , \quad \frac{1}{q_\theta} = \frac{1-\theta}{q_o} + \frac{\theta}{q_1} , \quad 0 < \theta < 1.$$

Alors $\{L^{p_\theta} , L^{q_\theta}\}$ est un couple d'interpolation.

1.2. Pour un exposé de l'ensemble des méthodes connues de construction de couples d'interpolation (auxquelles on doit ajouter la méthode des espaces de moyenne - cfr. N° suivants) nous renvoyons à Lions [1] . Nous rappelons seulement ici comment on introduit les espaces de traces (cfr. Lions [2]).

---

(1) Nous ne nous préoccupons pas ici des applications, pour lesquelles nous renvoyons à Lions-Magenes (cfr. Bibliographie).

Soient p_o, p_1 avec $1 \leq p_i \leq \infty$, et α_o, α_1 avec

$$\frac{1}{p_i} + \alpha_i \in \left] 0, 1 \right[. \tag{1.8}$$

On désigne par $V(p_o, \alpha_o, A_o; p_1, \alpha_1, A_1)$ l'espace des (classes de) fonctions $t \longrightarrow u(t)$ telles que

$$t^{\alpha_o} u \in L_+^{p_o}(A_o) \quad ^{(2)} \tag{1.9}$$

avec

$$t^{\alpha_1} \frac{du}{dt} \in L_+^{p_1}(A_1) \quad ^{(3)} . \tag{1.10}$$

Muni de la norme

$$\|u\|_V = \max \left(\|t^{\alpha_o} u\|_{L_+^{p_o}(A_o)} , \left\|t^{\alpha_1} \frac{du}{dt}\right\|_{L_+^{p_1}(A_1)} \right) \tag{1.11}$$

c'est <u>un espace de Banach</u>. On vérifie sans peine que toute u vérifiant (1.9) (1.10) est presque-partout égale à une fonction $t \longrightarrow u^*(t)$ continue de $t \geqslant 0 \longrightarrow A_o + A_1$; alors, si nous posons $u(0) = u^*(0)$, nous avons ainsi une application linéaire continue

$$u \longrightarrow u^*(0) = u(0)$$

de $\quad V \longrightarrow A_o + A_1$.

<u>On désigne par</u> $T(p_o, \alpha_o, A_o; p_1, \alpha_1, A_1)$ <u>l'image de</u> V <u>dans cette application</u>. Donc :

---

(3) $\frac{du}{dt}$ = dérivée distribution de u à valeurs dans A_o.

(2) $L_+^p(X) = L^p(0, \infty; X)$ = espace des(classes de) fonctions de puissance p-ème sommable à valeurs dans un Banach X .

(1.12) $a \in T(p_0, \alpha_0, A_0; p_1, \alpha_1, A_1) \Longleftrightarrow a = u(0), \quad u \in V$.

On pose

(1.13) $\|a\|_T = \inf_{u(0)=a} \|u\|_V$.

Muni de cette norme, $T(p_0, \alpha_0, A_0; p_1, \alpha_1, A_1)$ est un <u>espace de Banach</u>.

Les espaces T sont appelés <u>espaces de trace</u> (cfr.Lions [2]). Il est facile de vérifier la propriété suivante :

<u>Théorème 1.1.</u>- <u>Le couple</u> $\{T(p_0, \alpha_0, A_0; p_1, \alpha_1, A_1), T(p_0, \alpha_0, B_0; p_1, \alpha_1, B_1)\}$ <u>est un couple d'interpolation</u>.

2. <u>Espaces de moyenne</u>.

Soient p_0, p_1 comme au N°1 et ξ_0 et ξ_1 deux nombres réels avec

(2.1) $\xi_0 \xi_1 < 0$.

On désigne par $W(p_0, \xi_0, A_0; p_1, \xi_1, A_1)$ l'espace des (classes de) fonctions u telles que

(2.2) $e^{\xi_0 t} u \in L^{p_0}(A_0)$ (4)

et

(2.3) $e^{\xi_1 t} u \in L^{p_1}(A_1)$.

Muni de la norme

(4) $L^{p_0}(A_0) = L^{p_0}(-\infty, +\infty; A_0)$.

(2.4) $\|u\|_W = \max\left(\|e^{\xi_0 t} u\|_{L^{p_0}(A_0)} , \|e^{\xi_1 t} u\|_{L^{p_1}(A_1)} \right)$

c'est un <u>espace de Banach</u>.

Il est facile de vérifier que, <u>grâce à</u> (2.1), l'intégrale

$$\int_{-\infty}^{+\infty} u(t)dt$$

converge dans $A_0 + A_1$, l'application $u \longrightarrow \int_{-\infty}^{+\infty} u(t)dt$ étant continue de $W \longrightarrow A_0 + A_1$. On désigne par $S(p_0, \xi_0, A_0; p_1, \xi_1, A_1)$ <u>l'espace image de</u> W dans cette application. Donc

(2.5) $a \in S(p_0, \xi_0, A_0; p_1, \xi_1, A_1) \Longleftrightarrow a = \int_{-\infty}^{+\infty} u(t)dt, \; u \in W$.

Muni de la norme

(2.6) $\|a\|_S = \inf_{\int u = a} \|u\|_W$

c'est un <u>espace de Banach</u> qu'on appelle <u>espace de moyennes</u> (cfr. Lions-Peetre [1]).

Vérifions le

<u>Théorème 2.1.</u>- Pour toute famille de paramètres p_0, p_1, ξ_0, ξ_1 <u>avec</u> $\xi_0 \xi_1 < 0$, le couple $\{S(p_0, \xi_0, A_0; p_1, \xi_1, A_1), S(p_0, \xi_0, B_0; p_1, \xi_1, B_1)\}$ <u>est un couple d'interpolation</u>. <u>Si</u> ϖ_0 (<u>resp.</u> ϖ_1) <u>est la norme de</u> π <u>dans</u> $\mathcal{L}(A_0; B_0)$ (resp. $\mathcal{L}(A_1; B_1)$), <u>on a</u> :

(<u>norme de</u> π <u>de</u> $S_A \longrightarrow S_B$) $\leq \varpi_0^{1-\lambda} \varpi_1^{\lambda}$,

<u>où</u> $\lambda = \dfrac{\xi_0}{\xi_0 - \xi_1}$ (et où $S_A = S(p_0, \xi_0, A_0; p_1, \xi_1, A_1)$; id. pour S_B).

Nous poserons

$$W(p_o, \xi_o, A_o; p_1, \xi_1, A_1) = W_A ,$$

id.pour W_B.

Commençons par le

<u>Lemme 2.1.</u>- <u>Pour</u> $a \in S_A$, <u>on a</u>

$$(2.7) \quad \|a\|_{S_A} = \inf_{\int u=a} . \left(\|e^{\xi_o t} u\|^{1-\lambda}_{L^{p_o}(A_o)} \|e^{\xi_1 t} u\|^{\lambda}_{L^{p_1}(A_1)} \right)$$

<u>Démonstration</u>.

Comme $\inf. \left(\|e^{\xi_o t} u\|^{1-\lambda}_{L^{p_o}(A_o)} \|e^{\xi_1 t} u\|^{\lambda}_{L^{p_1}(A_1)} \right) \leq \inf. \|u\|_W$,

la seule chose à vérifier est que

$$(2.8) \quad \|a\|_{S_A} \leq \|e^{\xi_o t} u\|^{1-\lambda}_{L^{p_o}(A_o)} \|e^{\xi_1 t} u\|^{\lambda}_{L^{p_1}(A_1)}$$

pour u quelconque, avec $\int u = a$.

Or u étant <u>fixée</u> avec $\int u = a$, la fonction

$$u_s(t) = u(t+s) , \quad s \in R ,$$

est encore dans W , et vérifie $\int u_s = a$. Par ailleurs :

$$(2.9) \quad \|u_s\|_W = \max \left(e^{-\xi_o s} \|e^{\xi_o t} u\|_{L^{p_o}(A_o)} , \; e^{-\xi_1 s} \|e^{\xi_1 t} u\|_{L^{p_1}(A_1)} \right) .$$

Or

$$\|a\|_{S_A} \leq \inf_{s \in R} \|u_s\|_W \quad ;$$

si nous choisissons s de façon que les deux termes du 2ème membre de (2.9) soient <u>égaux</u>, nous en déduisons (2.8), d'où le Lemme.

<u>Démonstration du théorème 2.1.</u>

Soit $a \in S_A$; alors il existe $u \in W_A$ avec $\int u = a$. Introduisons

$$(2.10) \qquad v(t) = \pi\, u(t) .$$

Cette fonction $\in W_B$ et

$$(2.11) \quad \|e^{\xi_0 t} v\|_{L^{p_0}(B_0)} \leq \varpi_0 \|e^{\xi_0 t} u\|_{L^{p_0}(A_0)} ,$$

$$\|e^{\xi_1 t} v\|_{L^{p_1}(B_1)} \leq \varpi_1 \|e^{\xi_1 t} u\|_{L^{p_1}(A_1)} ;$$

donc $\int_{-\infty}^{+\infty} v(t)dt = \int v \in S_B$ et par (2.10), $\int v = \pi a$. Donc $\pi a \in S_B$ et par le lemme 2.1. :

$$\|\pi a\|_{S_B} \leq \|e^{\xi_0 t} v\|^{1-\lambda}_{L^{p_0}(B_0)} \|e^{\xi_1 t} v\|^{\lambda}_{L^{p_1}(B_1)} .$$

Utilisant (2.11), il en résulte que

$$\|\pi a\|_{S_B} \leq \varpi_0^{1-\lambda} \varpi_1^{\lambda} \|e^{\xi_0 t} u\|^{1-\lambda}_{L^{p_0}(A_0)} \|e^{\xi_1 t} u\|^{\lambda}_{L^{p_1}(A_1)}$$

et ceci quelle que soit u avec $\int u = a$. Utilisant encore le Lemme 2.1, on en déduit que

$$\|\pi a\|_{S_B} \leq \varpi_0^{1-\lambda} \varpi_1^{\lambda} \|a\|_{S_A} \quad , \quad \text{d'où le théorème.}$$

Remarque 2.1.

Vu les résultats ci après (N°3) la démonstration précédente ne diffère qu'en apparence de celle faite dans Lions [2], article Math. Scandinavica, pour démontrer le résultat analogue pour les espaces de traces.

Remarque 2.2.

A la différence des espaces de traces, les espaces de moyenne font intervenir les espaces A_0 et A_1 de façon symmétrique. C'est là un incontestable avantage des espaces de moyennes.

Remarque 2.3.

Naturellement le rôle des poids $e^{\xi_0 t}$, $e^{\xi_1 t}$ peut être tenu par d'autres fonctions que les exponentielles. Cfr. Lions-Peetre [1].

3. Espaces de moyenne et espaces de traces.

Nous admettons ici le résultat suivant (cfr. Lions-Peetre [1]) :

Théorème 3.1.- Les trois conditions suivantes sont équivalentes:

(i) $a \in S\,(p_0, \xi_0, A_0;\, p_1, \xi_1, A_1)$, $\xi_0 > 0$, $\xi_1 < 0$;

(ii) $a = f(-\infty)$, où $e^{t\xi_0} f \in L^{p_0}(A_0)$, $e^{t\xi_1} \dfrac{df}{dt} \in L^{p_1}(A_1)$;

(iii) $a = h_0(t) - h_1(t)$, $e^{t\xi_0} h_0 \in L^{p_0}(A_0)$, $e^{t\xi_1} h_1 \in L^{p_1}(A_1)$.

Utilisons ce résultat pour comparer les espaces de moyenne et les espaces de traces. On passe de la représentation "a = u(0)" à la représentation "a = f(−∞)" par le changement de variable : u(t) = f(log t). Utilisant (i) et (ii) on en déduit le

<u>Théorème 3.2.</u>- <u>On a</u>

$$T(p_0, \alpha_0, A_0; p_1, \alpha_1, A_1) = S(p_0, \xi_0, A_0; p_1, \xi_1, A_1) , \tag{3.1}$$

<u>avec</u>

$$\xi_0 = \frac{1}{p_0} + \alpha_0 , \quad \xi_1 = \frac{1}{p_1} + \alpha_1 - 1 , \tag{3.2}$$

<u>et avec dans</u> (3.1) <u>des normes équivalentes.</u>

<u>Remarque 3.1.</u>

Le théorème 3.2. ne signifie nullement que l'on doive seulement considérer <u>l'un</u> des points de vue et par exemple travaille seulement avec les espaces de moyenne. En effet, d'une part, dans les applications – où l'on doit construire <u>explicitement</u> les espaces – il n'est pas inutile d'avoir plusieurs définitions équivalentes; d'autre part, chaque méthode est susceptible de généralisations qui n'ont pas de raison de conduire à des espaces identiques.

4. Propriétés des espaces de moyenne.

Pour une liste de propriétés des espaces de moyenne renvoyons à : cfr. Lions-Peetre [1] . Signalons seulement ici la suivante; si $u \in W(p_0, \xi_0, A_0;\ p_1, \xi_1, A_1)$, la fonction $\check{u}$, définie par $\check{u}(t) = u(-t)$ appartient à l'espace $W(p_0, -\xi_0, A_0;\ p_1, -\xi_1, A_1) = W(p_1, -\xi_1, A_1;\ p_0, -\xi_0, A_0)$ et l'application $u \longrightarrow \check{u}$ est une isometrie. Par conséquent :

$$S(p_0, \xi_0, A_0;\ p_1, \xi_1, A_1) = S(p_1, -\xi_1, A_1;\ p_0, -\xi_0, A_0) \tag{4.1}$$

avec mêmes normes.

De là résulte une propriété de symmétrie des espaces de trace. En effet partons de $T(p_0, \alpha_0, A_0;\ p_1, \alpha_1, A_1)$. On utilise (3.1), puis (4.1). Puis, d'après (4.1), $S(p_1, -\xi_1, A_1; p_0, -\xi_0, A_0) = T(p_1, \beta_1, A_1; p_0, \beta_0, A_0)$, où $\frac{1}{p_1} + \beta_1 = -\xi_1$, $\frac{1}{p_0} + \beta_0 - 1 = -\xi_0$. Donc

$$\beta_0 = 1 - \alpha_0 - 2/p_0 \ , \quad \beta_1 = 1 - \alpha_1 - 2/p_1 \ . \tag{4.2}$$

Et

$$\begin{cases} T(p_0, \alpha_0, A_0; p_1, \alpha_1, A_1) = T(p_1, \beta_1, A_1; p_0, \beta_0, A_0) \ , \\ \beta_i \ \underline{\text{donné par}}\ (4.2), \ \underline{\text{avec normes équivalentes}}. \end{cases} \tag{4.3}$$

Ce résultat a été obtenu par un procédé direct (et compliqué) dans Lions [3] . La démonstration précédente est dûe à Peetre et l'A. (cfr. Lions-Peetre [1]).

A l'aide des espaces de moyennes on montre que les espaces de traces $T_j^{(m)}$ introduits dans Lions [2] (article des Math. Scand.) sont encore des espaces $T(p_0, \alpha_0, A_0; p_1, \alpha_1, A_1)$ pour des valeurs convenables des paramètres.

On peut également comparer tous ces espaces : 1°) aux espaces introduits par Caldéron [1] et l'A. (Lions [4]); 2°) aux espaces introduits par E.Gagliardo [1] . Cfr. pour cela des notes aux C.R.Acad.Sc., Lions-Peetre, 1962.

B I B L I O G R A P H I E

A.P.Caldéron [1] : Interpolation spaces. Colloque Varsovie - Septembre 1960.

E.Gagliardo [1] : Interpolazione di spazi di Banach e applicazioni. Ricerche Mat.9 (1960), 58-81.
Notes C.R.Acad.Sc., t.248 (1959), p.1912-1914, 3388-3390, 3517-3518.

S.G.Krein [1] : Doklady, t.132 (1960), p.510-513.
t.130 (1960), p.491-494.

J.L.Lions [1] : Quelques procédés d'interpolation des opérations linéaires et quelques applications, Sém.Schwartz, Paris, 1961-62.

[2] : Divers articles sur les traces :

a) Bull.Math.Soc.Sci.Phys.Roumaine, 50(1958), p.419-432.

b) Annali Pisa, (1959), t.13, p.389-403;

c) Annali Pisa, (1960), t.14, p.317-331;

d) à paraître au Journal de Liouville, 1962;

e) Math.Scandinavica, t.9 (1961), p.147-177.

[3] : Properties of some interpolation spaces. Journal of Rat.Mech.and Analysis, a paraitre, 1962.

[4] : Une construction d'espaces d'interpolation. C.R.Acad.Sc., t.250 (1960), p.2104-2106.

J.L.Lions-E.Magenes [1] : Divers articles sur les problèmes aux limites non homogènes :

a) Annali Pisa, Vol.XIV (1960), p.269-308.

b) Id., Vol.XV (1961), p.39-101.

c) Id., articles (IV)(V), (1961).

d) Annales Inst.Fourier, t.11 (1961), p.137-178.

J.L.Lions-J.Peetre [1] : Propriétés d'espaces d'interpolation C.R.Acad.Sc., t. (1961), .

CENTRO INTERNAZIONALE MATEMATICO ESTIVO

(C.I.M.E.)

J. SEBASTIAO E SILVA

SUR L'AXIOMATIQUE DES DISTRIBUTIONS ET SES POSSIBLES MODELES

Roma - Istituto Matematico dell'Università

SUR L'AXIOMATIQUE DES DISTRIBUTIONS ET SES POSSIBLES MODELES

par J. Sebastiao e Silva

1. Introduction. On connaît aujourd'hui plusieurs façons de présenter les fondements de la théorie des distributions. On assiste même à une sorte de compétition entre ces diverses orientations, chaque auteur soutenant son point de vue avec plus ou moins d'énergie.

Cette divergence est d'ailleurs très analogue à celle qui s'est vérifiée dans la fondation de la théorie des nombres (entiers, rationnels, réels ou complexes). Un nombre réel peut être considéré, suivant les goûts, comme une coupure de Dedekind, une classe de suites de Cauchy équivalentes, un opérateur sur des grandeurs, etc.; de même, un nombre complexe peut être conçu comme un couple de nombres réels, une classe de congruence de polynômes modulo $x^2 + 1$, un opérateur linéaire sur des vecteurs du plan, une matrice réelle d'ordre 2, etc.etc..

Cette analogie est plus profonde qu'on pourrait le prévoir, le passage de la notion de fonction à celle de distribution étant un phénomène de même genre que les successives extensions de la notion nombre. Dans un cas comme dans l'autre, toutes les orientations proposées sont équivalentes : la théorie qui en résulte est essentiellement la même; ce qui change est la matière, c'est-à-dire la nature de individus que l'on nomme nombres ou distributions. Donc la matière est complètement étrange à la théorie elle-même : ce qu'y compte est la forme, c.à.d. un ensemble de signes de relations entre ces être et de propriétés formelles de ces relations (propriétés que l'on pourrait nommer les règles du jeu). Qui, en faisant de l'analyse, se souvient encore qu'un nombre réel est une coupure ou une classe de suites?[1] Les propriétès formelles des opérations et de la relation d'ordre (i.e. l'axiomatique des nombres réels) lui sont entièrement suffisants.

Or on sait que, dans chaque théorie mathématique, toutes les relations possibles peuvent se réduire logiquement à un nombre fini de notions ou termes (les notions primitives) et toutes les propriétés formelles de ces relations à un nombre fini de règles (les axiomes). Ainsi toute la théorie est contenue virtuellement dans cette axiomatique. Et la théorie restera justifiée, au point de vue logique, si, et seulement si, on réussit à démontrer que l'axiomatique est compatible, c.à.d. qu'il existe au moins une structure qui la vérifie (modèle de l'axiomatique). Il est encore essentiel da savoir si l'axiomatique est déterminée, c.à.d., si deux modèles de l'axiomatique sont nécessairement isomorphes ou si, au contraire, il en existe des modèles non isomorphes (théorie plurivalente). Enfin, pour une raison d'élégance logique, il convient de réduire les axiomes au minimum, en démontrant qu'ils sont indépendants.

Dans le cas de la théorie des distributions, comme dans d'autres cas, les modèles se sont présentés avant l'axiomatique. Et c'est justement la pluralité de concepts concrets, ontologiques,

(1) Cette observation l'a faite L.Schwartz dans une confèrence sur les concept de distribution.

de distribution (comme fonctionnelles, comme séries formelles, comme classes de suites de fonctions, comme couples de fonctions analytiques, etc.), qui suggère d'en extraire la <u>forme abstraite</u>, par axiomatisation. Une définition en plus? Oui et non : il s'agit alors de faire une synthèse des définitions "concrètes"; ce qui en résulte sera plutôt <u>la</u> vraie définition.

Il reste encore la question de savoir quel est le <u>meilleur</u> modèle de l'axiomatique. Dans ce cas comme dans d'autres, le meilleur modèle sera celui qui permet de démontrer plus vite, et avec moins de ressources, que l'axiomatique est compatible; ensuite, on peut l'abandonner, sans aucun souvenir, comme on retire l'échafaudage d'une maison qui vient d'être bâtie.

Lorsqu'il s'agit d'une axiomatique déterminée, le meilleur modèle, de ce point de vue, est en règle suggéré par l'axiomatique elle-même; on le construit d'après une méthode metamathématique générale, en cherchant, précisément, à démontrer que l'axiomatique est déterminée. Par exemple, dans les fondements de la géométrie, on est alors conduit à considérer les points comme systèmes de nombres réels. Dans le cas des distributions, l'axiomatique porte à considérer chaque distribution comme une classe d'équivalence de couples (r, f), où f est une fonction continue et r en entier ou système d'entiers.

On est aussitôt surpris de l'étroite analogie entre cette construction et celle de la théorie analytique des nombres rationnels. Il s'agit au fond d'un même problème d'algèbre (ou de logique), que je n'ai pas résisté la tentation d'étudier en toute généralité. Mais le travail qui en a résulté [4] est ainsi devenu plutôt lourd, ce qui ne l'a peut-être pas permis d'atteindre l'effet que j'avais visé. Je m'en suis aperçu après l'avoir rédigé et j'y ai ajouté, en conclusion :

"Ce travail n'a évidemment pas pour bout d'exposer la théorie des distributions de la façon la plus brève et la plus facile. Nous avons eu le souci de résondre plusieurs questions [....] . Mais, en faisant ainsi, nous avons ouvert plusieurs possibilités d'exposition de cette théorie, suivant notre point de vue.

"Si l'on veut s'adresser à des techniciens, on préférera une orientation plutôt concrète. La méthode de complétion topologique que nous avons indiquée [...] sera peut-être la plus intuitive [...] .

"Au contraire, pour les mathématiciens, il y aura toujours intérêt à connaître la théorie des distributions d'un point de vue supérieur".

Cependant, l'expérience acquise dans quelques cours d'introduction, adressés à des mathématiciens et à des physiciens (à Lisbonne, à Porto, à Barcelone et à Rome) m'a fait changer d'avis là-dessus. Certes, la méthode de complétion, qui consiste à introduire les distributions comme limites généralisées de suites de fonctions, est très intuitive, et déjà employée, de façon empirique, par les physiciens. Mais, à mon avis, la méthode des couples (r, f), qui porte directement à concevoir les distributions comme dérivées généralisées $D^r f$ de fonctions continues, est la plus indiquée, autant pour les mathématiciens que pour les physiciens et les ingénieurs. Tout d'abord, les raisonnements que cette méthode exige - spécialement dans le cas d'une seule variable - sont tres élémentaires et très faciles, presque triviaux, une sorte d'oeuf de Coulomb. En outre, ils se rapprochent beaucoup des méthodes heuristiques des physiciens, nommément de ceux de Dirac[(1)].

Enfin, cette méthode est la plus élégante au point de vue mathématique, puisqu'elle résout un problème algébrique par des moyens strictement algébriques. La topologie joue ici un rôle artificiel. Plus encore : une partie considérable de la théorie des distributions, y comprises la transformation de Laplace, la transformation et la série de Fourier et leurs applications pratiques, peut être développée, plus simplement, sans topologie. Et rappelons qu'il n'existe pas une topologie unique, priviligiée, pour les espaces de distributions.

D'ailleurs, la première axiomatique des distributions que j'ai donnée peut être considérablement simplifiée, si l'on si limite aux distributions d'ordre finie. En vérité, les distributions d'ordre infini de Schwartz ont un intérêt plutôt théorique et s'expriment, immédiatement, comme systèmes compatibles de distributions d'ordre fini. Aussi, dans la suite, dirons - nous simplement "distribution", au lieu de "distribution d'ordre fini". En outre, comme l'a observé H. KÖNIG, il n'est pas nécessaire d'y

---

(1) Observons que dans un cours adressé aux physiciens ou aux ingénieurs, il n'est pas nécessaire de parler, explicitement, d'axiomatique (à moins qu'ils n'aient une formation mathématique ./.

prendre l'addition comme notion primitive. Dans ces conditions, on peut réduire le nombre des axiomes de 8 à 4. Leur énoncé, comme on peut le voir, est tout simple et direct.

Pour rendre plus claire l'exposition, nous allons présenter d'abord en détail le cas d'une seule variable (n° 2) et nous indiquons ensuite les modifications qu'il faut faire dans le cas général.

2. Distributions d'une variable. Dans ce numéro nous désignerons par I un intervalle quelconque de la droite R, et par C(I) ou simplement par C l'espace des fonctions complexes, définies et continues dans I. D'autre part, en désignant par c un point arbitraire de I , nous poserons

$$(1) \qquad \mathfrak{J} f(x) = \int_c^x f(\xi)\, d\xi \,, \quad \text{pour toute} \quad f \in C \,.$$

La notion de distribution dans I est décrite par les axiomes suivants, en prenant pour notions primitives celles des fonctions continues et de "dérivée" [(1)] :

---

assez moderne). Il suffit alors de construire l'espace des distributions au moyen des couples (r, f), en exploitant l'analogie avec la théorie analytique des nombres rationnels.

(1) Il s'agit là d'une axiomatique "partielle", dans le sens qu'elle présuppose la théorie des nombres et des fonctions numériques continuees. Il est encore à remarquer que, pour les distributions d'une seule variable, l'axiomatique peut se réduire à 3 axiomes assez simples (bien que les axiomes I - IV soient indépendants); mais cela n'a que l'intérêt d'une curiosité logique.

Axiome 1.- Toute fonction f complexe, définie et continue dans I, est une distribution dans I.

Axiome 2.- A toute distribution T dans I correspond une distribution DT dans I, que l'on appelle dérivée de T, de telle façon que, si T est une fonction admettant dérivée continue dans I au sens usuel, DT coincide avec cette dérivée.

Definition 1.- La dérivée d'ordre r de T , D^rT , est définie par induction : $D^oT = T$, $D^rT = D^{r-1}(DT)$ pour r = 1,2,...

Axiome 3.- Pour toute distribution T dans I , il existe un entier $r \geqslant 0$ et une fonction $f \in C$, tels que $T = D^rf$.

Axiome 4.- Si r est un entier $\geqslant 0$ et f, g deux fonctions continues dans I telles que $D^rf = D^rg$, alors f - g est une fonction entière de degré $< r$.

Nous désignerons par N l'ensemble des entiers $r \geqslant 0$, et par P_r l'ensemble des fonctions f entières de degré $< r$, pour tout $r \in N$.

Nous allons démontrer que cette axiomatique est :

a) déterminée (c'est-à-dire, s'il existe un modèle de l'axiomatique, tout autre modèle lui est isomorphe);

b) compatible (c'est-à-dire, il existe au moins un modèle de l'axiomatique).

a) Supposons qu'il existe un modèle M de l'axiomatique. En vertu des axiomes 1 et 2 et de la définition 1, à tout couple (r, f) avec $r \in N$ et $f \in C$, correspond une distribution $D^rf \in M$. D'après l'axiome 3, cette correspondance est une application de l'ensemble $N \times C$, des couples (r, f), sur l'ensemble M ; mais cette application n'est évidemment pas biunivoque. Soit

(2) $D^r f = D^s g$, avec $r, s \in N$ et $f, g \in C$,

et prenons un entier m tel que $m \geqslant r$, $m \geqslant s$. En vertu de (1), de l'axiome 2 et de la définition 1, on a

$$D^r f = D^m(\mathfrak{I}^{m-r} f) \ , \ D^s g = D^m(\mathfrak{I}^{m-s} g)$$

Il s'ensuit, compte tenu de (2) et de l'axiome 4 :

(3) $\mathfrak{I}^{m-r} f - \mathfrak{I}^{m-s} g \in P_m$

Il est évident que, réciproquement, (3) implique (2).

Nous dirons que les couples (r, f) et (s, g) sont équivalents, et nous écrirons $(r, f) \sim (s, g)$, si la condition (2) ou (3) est vérifiée. Cela posé, nous désignerons par $[r, f]$ la classe des couples équivalents à (r,f), i.e. la classe de tous les couples qui représentent la même distribution $D^r f$; et par $\widetilde{C}$ l'ensemble de toutes ces classes, i.e. le quotient de l'ensemble $N \times C$ par la relation $\sim$. Alors, la correspondance $[r,f] \rightarrow M$ est une application biunivoque de $\widetilde{C}$ sur M. Donc, si l'on identifie chaque fonction $f \in C$ à la classe $[0,f]$, et si l'on pose, par définition,

$$D[r, f] = [r + 1, f] \ ,$$

attendu que $D(D^r f) = D^{r+1} f$, l'ensemble $\widetilde{C}$ devient un modèle de l'axiomatique, isomorphe à M . Donc tout autre modèle M' de l'axiomatique est isomorphe à $\widetilde{C}$ et, par suite, à M .

b) Le raisonnement antérieur indique la façon d'obtenir un modèle, $\widetilde{C}$, de l'axiomatique, en admettant qu'il existe un autre, M . Maintenant nous démontrerons directement l'existence du modèle $\tilde{C}$, sans supposer l'existence d'un autre.

Définissons dans $N \times C$ la relation $\sim$, en posant

$$(r, f) \sim (s, g)$$

si et seulement s'il existe un entier $m \geqslant r,s$, tel que

$$\mathfrak{J}^{m-r}f - \mathfrak{J}^{m-s}g \in P_m \tag{4}$$

On voit aussitôt que cette relation est réflexive et symétrique. Pour voir qu'elle est transitive, observons d'abord que, s'il existe un entier $m \geqslant r$, s vérifiant (4), tout autre entier $k \geqslant r,s$ vérifie la même condition. En effet, de (4) on déduit alors

$$\mathfrak{J}^{k-r}f - \mathfrak{J}^{k-s}g \in P_k$$

en appliquant aux deux membres l'opérateur D^{m-k} ou $\mathfrak{J}^{k-m}$, selon que $k < m$ ou $k > m$. Cela étant, supposons

$$(r, f) \sim (s, g) \quad \text{et} \quad (s, g) \sim (t, h);$$

alors, si l'on choisit $m \geqslant r,s,t$, on aura

$$\mathfrak{J}^{m-r}f - \mathfrak{J}^{m-s}g \in P_m \quad \text{et} \quad \mathfrak{J}^{m-s}g - \mathfrak{J}^{m-t}h \in P_m ,$$

d'où $\mathfrak{J}^{m-r}f - \mathfrak{J}^{m-t}h \in P_m$, c'est-à-dire $(r, f) \sim (t, h)$.

Donc la relation $\sim$ est une équivalence. Désignons par $[r, f]$ la classe des couples équivalents à (r, f) et par $\tilde{C}$ l'ensemble quotient de $N \times C$ par cette relation.

La correspondance $f \longrightarrow [0, f]$ est évidemment une injection de C dans $\tilde{C}$, qui nous porte à identifier toute $f \in C$ à $[0, f]$; alors on a $C \subset \tilde{C}$, i.e. l'axiome 1 est vérifié.

Posons, par définition : $D[r, f] = [r+1, f]$. L'opération D ainsi définie dans $\tilde{C}$ est univoque; en effet, si $[r, f] = [s, g]$, on aura aussi $[r+1, f] = [s+1, g]$, puisque $m-r = (m+1) - (r+1)$ et $m-s = (m+1) - (s+1)$. En outre, si f admet dérivée continue dans I , au sens usuel, on a

$$D[0, f] = [1, f] = [0, f'] = f' ,$$

puisque $f - \mathfrak{J} f'$ est une constante. L'axiome 2 est donc vérifié. D'autre part, on a

$$[r, f] = D[r-1, f] = \dots = D^r[0, f] = D^r f ,$$

ce qui confirme l'axiome 3 . Enfin, si $D^r f = D^r g$, c'est-à-dire $[r, f] = [r, g]$, on a, suivant la définition d'égalité, $f-g \in P_r$, ce qui confirme l'axiome 4.

Nous avons donc bien construit un modèle $\tilde{C}$ de l'axiomatique considérée.

On pourrait, évidemment, construire une infinité d'autre modèles de l'axiomatique, mais cela n'a plus d'intérêt essentiel, une fois que l'on a trouvé un modèle, isomorphe à tous les autres.

Ce qui intéresse, dorénavant, ce sont les axiomes 1 - 4 et les définitions que l'on y puisse adjoindre - c'est-à-dire les règles de calcul sur les distributions; en effet, à partir de cette axiomatique, on peut développer, entièrement, la théorie des distributions, en introduisant successivement les définitions de "somme" de deux distributions, de "produit" d'une fonction convenable par une distribution, de "restriction" d'une distribution dans I à un sous intervalle de I, de "limite" d'une suite de distribution, etc., etc.. Dans ce développement, on peut employer systématiquement les notations $D^r f$ pour les distributions. Par exemple, on aura les définitions

$$D^r f + D^s g = D^m(\mathfrak{I}^{m-r} f + \mathfrak{I}^{m-s} g), \qquad m \geqslant r,s,$$

$$\varphi \cdot D^r f = \sum_{k=0}^{r} \binom{r}{k}(-1)^k D^{r-k}(\varphi^{(k)} f), \text{ pour toute } \varphi \in C^r(I),$$

etc.etc. Mais, évidemment, rien empêche que, dans une question particulière, on emploie un autre type de représentation, plus adaptée à cette question [1].

3. Distributions de plusieurs variables. Maintenant, nous désignerons par I un intervalle n-dimensionnel quelconque (c.à.d. un pavé de R^n), n étant un entier > 0, et par C l'espace des fonctions complexes $f(x) = f(x_1,..,x_n)$, définies et continues dans I. Alors on a $I = I_1 \times \ldots \times I_n$, I_k étant un intervalle de R, pour $k = 1,\ldots, n$. En désignant par C_k un point arbitraire de I_k, nous poserons pour tout k :

$$\mathfrak{I}_k f(x) = \int_{c_k}^{x_k} f(x,\ldots,x_{k-1}, \xi, x_{k+1},\ldots,x_n) d\xi,$$

(1) Par exemple, dans la théorie des nombres complexes, on exem-
./.

et, pour tout système $r = (r_1,\dots,r_n)$ de n entiers $r_i \geqslant 0$:

$$\mathfrak{I}^r f = \mathfrak{I}_1^{r_1} \dots \mathfrak{I}_n^{r_n}$$

Dans ce cas, la notion de distribution dans I est donnée par les axiomes suivants :

<u>Axiome 1</u>.- <u>Toute fonction</u> $f \in C$ <u>est une distribution dans</u> I.

<u>Axiome 2</u>.- <u>A toute distribution</u> T <u>dans</u> I <u>et tout</u> $i = 1,\dots,n$ <u>correspond une distribution</u> $D_i T$, <u>que l'on appelle la dérivée de</u> T <u>par rapport à</u> x_i , <u>de telle façon que</u> : I) <u>si</u> T <u>est une fonction admettant dans</u> I <u>dérivée continue par rapport à</u> x_i <u>au sens usuel</u>, $D_i T$ <u>est cette dérivée</u>; II) $D_i D_j T = D_j D_i T$, <u>pour</u> $i,j = 1,\dots,n$.

<u>Definition 1</u>.- Pour tout système $r = (r_1,\dots,r_n)$ de n entiers $r_i \geqslant 0$ et toute distribution T dans I, on pose : $D^r T = D_1^{r_1} \dots D_n^{r_n} T$.

<u>Axiome 3</u>.- <u>Toute distribution</u> T <u>dans</u> I <u>est de la forme</u> $T = D^r f$, <u>où</u> r <u>est un système de</u> n <u>entiers</u> $\geqslant 0$ <u>et</u> $f \in C$.

<u>Axiome 4</u>.- <u>Si l'on a</u> $D^r f = D^r g$, r <u>étant un système de</u> n <u>entiers</u> $r_i \geqslant 0$ <u>et</u> $f, g \in C$, <u>alors</u> $f - g$ <u>est la somme de</u> n <u>fonctions</u> $\theta_1,\dots,\theta_n \in C$, <u>telles que</u> $D_i^{r_i} \theta_i = 0$ <u>au sens usuel, pour</u> $i = 1,\dots,n$.

Nous désignerons par P_r l'ensemble des fonctions de la forme $\theta_1 + \dots + \theta_n$, avec $\theta_i \in C$ et $D_i^{r_i} \theta_i = 0$ au sens usuel; alors θ_i est, évidemment, représentée par un polynôme de degré $< r_i$ en x_i, dont les coefficients sont des fonctions

---

ploie la forme algébrique ou celle trigonométrique, suivant la nature de la question considérée.

$\in C$, indépendantes de x_i.

Tel que dans le cas d'une seule variable, on démontre (d'une façon analogue) que cette axiomatique est déterminée et compatible. La seule différence essentielle se présente dans la deuxième partie de la démonstration. On part maintenant de l'ensemble $N^n \times C$ des couples (r, f), où $r \in N^n$ (système de n entiers $r_i \geqslant 0$) et $f \in C$, et on pose encore $(r, f) \sim (s, g)$, si et seulement s'il existe un système $m \geqslant r,s$ tel que

$$(5) \qquad \mathfrak{I}^{m-r} f - \mathfrak{I}^{m-s} g \in P_m$$

La difficulté se lève, lorsqu'il faut démontrer que, s'il existe un $m \geqslant r,s$ vérifient (5), tout autre $k \geqslant r,s$ vérifie la même condition. On le démontre en s'appuyant sur les deux lemmes suivants :

<u>Lemme 1.- Si</u> $\theta \in P_r$, <u>on aura</u> $\mathfrak{I}^p \theta \in P_{r+p}$, <u>pour tout</u> $p \in N^n$.

<u>Lemme 2.- Si</u> θ <u>est une fonction</u> $\in P_r$, <u>telle que la dérivée</u> $D^p \theta$ <u>existe au sens usuel et est continue dans</u> I (avec $p \leq r$), <u>alors on a</u> $D^p \theta \in P_{r-p}$.

En effet, supposons ces deux lemmes démontrés et soit μ le plus petit système d'entiers μ_i tel que $\mu \geqslant r,s$, c'est-à-dire $\mu_i = \max(r_i, s_i)$, $i = 1,\ldots,n$.

Alors, si m est un système $\geqslant r,s$ vérifiant (5), on en déduit, par l'application de $D^{m-\mu}$, en tenant compte du lemme 2 :

$$\mathfrak{I}^{\mu-r} f - \mathfrak{I}^{\mu-s} g \in P_\mu \ ;$$

d'où, en appliquent $\mathfrak{I}^{k-\mu}$, compte tenu du lemme 1,

$$\mathfrak{J}^{k-r} f - \mathfrak{J}^{k-s} g \in P_k \text{ , pour tout } k \geqslant r,s$$

Le reste de la démonstration est trivialement analogue à celle que l'on a fait dans le cas n = 1. Observons seulement que les opérations de dérivation peuvent maintenant se définir en général, en posant :

$$D^p [r, f] = [r + p, f],$$

pour tout système d'entiers $p_i \geqslant 0$. En particulier, on a $D^p = D_i$, lorsque $p_i = 1$ et $p_j = 0$ pour $j \neq i$. La permutabilité de ces opérateurs est une conséquence triviale de la définition.

<u>Démonstration du lemme 1</u>. Elle est presque immédiate. Il suffit de rappeler que $\mathfrak{J}^p$ est le produit de $\mathfrak{J}_1^{p_1}, \ldots, \mathfrak{J}_n^{p_n}$ <u>dans un ordre arbitraire</u> et que, si θ_i est un polynôme de degré $< r_i$ en x_i, à coefficients continus dans I, indépendants de x_i, $\mathfrak{J}_j \theta_i$ est encore un polynôme en x_i à coefficients de même type, de degré $< r_i + 1$ ou $< r_i$ selon que $j = i$ ou $j \neq i$.

<u>Démonstration du lemme 2</u>. Elle est un peu moins facile. Pour être plus bref, on peut la faire suivant une idée de H. KÖNIG [1] , en s'appuyant sur des résultats classiques concernant les différences finies. Pour toute $f \in C$ et tout $i = 1, \ldots, n$, désignons par $\Delta_{i,h_i} f$, ou simplement par $\Delta_{h_i} f$, <u>la diffèrence finie de</u> f <u>par rapport à</u> x_i, <u>correspondante à l'accroissement réel</u> h_i, c'est-à-dire, la fonction de $x_1, \ldots, x_n$:

$$f(x_1, \ldots, x_i, x_i + h_i, x_{i+1}, \ldots, x_n) - f(x_1, \ldots, x_n)$$

Pour tout $x_i \in I_i$, on peut évidemment choisir h_i de façon que cette fonction reste définie dans un sous-intervalle de I contenant

x_i . Or il est aisé de voir, en appliquant des résultats classiques, que P_r peut être défini comme l'ensemble des fonctions $f \in C$ vérifiant l'équation aux différences finies [(1)] :

$$\Delta_h^r f = \Delta_{h_1}^{r_1} \dots \Delta_{h_n}^{r_n} f = 0 \text{ , avec h arbitraire.}$$

Cela étant, soit θ une fonction $\in P_r$, telle que $D^p \theta$ existe et est continue dans I (avec $p \leq r$). Dans ces conditions on aura.

$$\Delta_h^{r-p} \Delta_k^p \theta = 0 \text{ , quels que soient } h, k \in R^n,$$

et on en déduit, compte tenu d'un résultat connu :

$$\Delta_h^{r-p} D^p \theta = \lim_{k \to 0} \frac{\Delta_h^{r-p} \Delta_k^p \theta}{k_1^{p_1} \dots k_n^{p_n}} = 0 ,$$

d'où $D^p \theta \in P_{r-p}$

c.q.f.d.

(1) Ce fait se démontre d'une façon élémentaire, plus simple que celle suivie par H. KÖNIG.

B I B L I O G R A P H I E

[1] H.KÖNIG : Neue Begründung der theorie der "Distributionen" von L.Schwartz, Math. Nachrichten, 9, p.129-148 (1953).

[2] J.MIKUSINSKI - R.SIKORSKI : The elementary theory of distributions (I), Panstwowe Wydwnictwo Naukowe, Varsavia (1957).

[3] L.SCHWARTZ : Théorie des distributions (I et II), Hermann, Paris.

[4] J.SEBASTIAO E SILVA : Sur une construction axiomatique de la théorie des distributions, Rev.Fac.Ciencias Lisboa, 2^ serie A, 4, p.79-186 (1954-55).

CENTRO INTERNAZIONALE MATEMATICO ESTIVO

(C.I.M.E.)

S. Z A I D M A N

DISTRIBUZIONI QUASI-PERIODICHE E APPLICAZIONI

ROMA - Istituto Matematico dell'Università

DISTRIBUZIONI QUASI-PERIODICHE E APPLICAZIONI

di

S.Zaidman

§ 1. In questo primo § si danno la definizione delle distribuzioni vettoriali quasi-periodiche e le loro proprietà essenziali. Il caso delle distribuzioni scalari è trattato in L.Schwartz ([14] - pag.62-64) in una maniera un pò diversa.

Se E è uno spazio di Banach, $\mathcal{D}'(t,E)$ è lo spazio delle applicazioni lineari continue da $\mathcal{D}$ -spazio delle funzioni indefinitamente derivabili con supporto compatto-a E, e cioè $\mathcal{D}'(t,E)$ è lo spazio delle distribuzioni vettoriali a valori in E, [15] .

Diremo che <u>una distribuzione vettoriale</u> $T \in \mathcal{D}'(t,E)$ <u>è quasi-periodica</u> (q.p.), <u>se essa può essere rappresentata da una somma</u>

$$(1.1) \qquad T = \sum_{0}^{n} D^k f_k(t) \quad , \qquad D = d/dt \quad \underline{\text{in}} \quad \mathcal{D}'(t,E)$$

<u>ove le</u> $f_k(t)$ <u>sono funzioni continue</u> q.p. <u>da</u> $t \in J = [-\infty,+\infty]$ <u>a</u> E .

E' ovvio che la somma algebrica di un numero finito di distribuzioni vettoriali quasi-periodiche è anch'essa una distribuzione q.p.

Poi, risulta immediatamente che $D^p T$ è q.p. se lo è T, per ogni intero $p \geqslant 0$. Questa proprietà, come è noto, non è generalmente vera per <u>funzioni</u> q.p., anche se sono derivabili per ogni $t \in J$.

Il prodotto αT di una distribuzione q.p. con una funzione scalare $\alpha(t)$ indefinitamente derivabile, quasi-periodica con tutte le sue derivate, è pure una distribuzione quasi-periodica, come risulta dalla formula di Leibniz

$$(1.2) \qquad \alpha D^k g = \sum_{j \leq k} (-1)^{k-j} D^j (D^{k-j} \alpha) g$$

Ricordiamo ora che il prodotto di composizione $T * \alpha$, di una distribuzione vettoriale $T \in \mathcal{D}'(t,E)$ con una funzione scalare $\alpha(t) \in \mathcal{D}$, è definito dalle relazioni

$$(1.3) \qquad \langle T * \alpha , \varphi \rangle = \langle T_t , \int_{-\infty}^{\infty} \alpha(s) \varphi(t+s) ds \rangle =$$

$$= \int_{-\infty}^{\infty} T_\alpha(s) \varphi(s) ds = \langle \langle T_t , \alpha(s-t) \rangle , \varphi(s) \rangle , \quad \forall \varphi \in$$

Quindi, esso è una funzione vettoriale indefinitamente derivabile $(T * \alpha)(s)$ definita dalla formula

$$(1.4) \qquad (T * \alpha)(s) = \langle T_t , \alpha(s-t) \rangle$$

Il prodotto di composizione essendo permutabile con le derivazioni risulterà che per una qualsiasi distribuzione quasi-periodica $T = \sum_0^n D^k f_k$, si ha

$$(1.5) \qquad (T * \alpha)(s) = \sum_0^n D^k (f_k * \alpha) \quad , \forall \alpha \in \mathcal{D}$$

Essendo il prodotto di composizione di una <u>funzione</u> continua q.p., definito dalla formula

$$(1.6) \qquad f_\alpha(s) = (f * \alpha)(s) = \int_{-\infty}^{\infty} f(u) \alpha(s-u) du$$

sarà ovvio che $f_\alpha(s)$ è una funzione indefinitamente derivabile da $t \in J$ a E, quasi-periodica insieme con tutte le sue derivate. Quindi, la funzione $(T * \alpha)(s)$ sopra definita, ha la medesima proprietà.

Un importante risultato di Schwartz ([14] , pag.62-64) afferma che vale la proprietà inversa e cioè

<u>Se</u> $T \in \mathcal{D}'(t,E)$ <u>è tale che, presa una qualsiasi funzione</u> $\alpha \in \mathcal{D}$, <u>il prodotto di composizione</u> $(T * \alpha)(s)$ <u>è una funzione q.p.</u> <u>da</u> J <u>a</u> E, <u>la distribuzione</u> T <u>medesima è quasi-periodica</u>.

Per la dimostrazione (che non è facile) rinviamo a [14] e [18] .

Sia ora F un secondo spazio di Banach e L una trasformazione lineare continua da E in F . Per una qualsiasi distribuzione $T \in \mathcal{D}'(t,E)$ si definisce la distribuzione $L\,T \in \mathcal{D}'(t,F)$, dalla formula

$$(1.7) \qquad \langle L\,T, \varphi \rangle = L \langle T, \varphi \rangle \quad , \quad \forall \varphi \in \mathcal{D}$$

Poi, vale ovviamente la relazione

$$(1.8) \qquad L\,(T * \alpha) = (L\,T) * \alpha \quad , \quad \forall \alpha \in \mathcal{D}$$

Ora siamo in grado di fare "l'analisi armonica" delle distribuzioni quasi-periodiche. Anzitutto ricordiamo che per una <u>funzione</u> quasi-periodica $f(t)$ da $t \in J$ à E , esiste il valore medio $\mathfrak{M}[f(t)] \in E$, definito dal limite (forte in E)

$$(1.9) \qquad \mathfrak{M}(f) = \lim_{\tau \to \infty} \frac{1}{\tau} \int_0^\tau f(u)\,du = \lim_{\tau \to \infty} \frac{1}{\tau} \int_0^\tau f(u+a)\,du$$

uniformemente per $a \in J$.

Sotto questa forma la definizione non ammette una estensione immediata alle <u>distribuzioni</u> quasi-periodiche.

Osserviamo ora che, se

$$(1.10) \qquad E_\tau(t) = \begin{cases} \frac{1}{\tau} & , 0 \leq t \leq \tau \\ 0 & t \notin [0,\tau] \end{cases}$$

si ha

$$(1.11) \qquad (f * E_\tau)(s) = \int_{-\infty}^{+\infty} f(t)\, E_\tau(s-t)dt = \frac{1}{\tau} \int_0^\tau f(s-u)\, du$$

e si vede che

$$(1.12) \qquad \lim_{\tau\to\infty} (f * E_\tau)(s) = \mathfrak{M}(f)$$

esiste e non dipende da $s \in J$.

Questa relazione può essere considerata anch'essa una definizione del valore medio, e in questa formulazione l'estensione alle distribuzioni diventa facile.

Conviene anzitutto osservare che, se $f(t)$ è q.p. da $t \in J$ a E , e α è una funzione da $\mathfrak{D}$, risulta

$$(1.13) \qquad \mathfrak{M}(f * \alpha) = \mathfrak{M}(f) \int_{-\infty}^{+\infty} \alpha(u)\, du$$

Adesso, poichè il supporto di $E_\tau(t)$ è compatto in J, risulta definito, per una qualsiasi distribuzione quasi-periodica $T \in \mathfrak{D}'(t,E)$, il prodotto di composizione $T * E_\tau$. Esso è una nuova distribuzione $\in \mathfrak{D}'(t,E)$, data dalla formula

$$(1.14) \qquad \langle T * E_\tau, \varphi\rangle = \langle T_t, \langle E_\tau(\xi), \varphi(t+\xi)\rangle\rangle =$$

$$\langle T_t, \frac{1}{\tau}\int_0^\tau \varphi(t+\xi)d\xi\rangle = \frac{1}{\tau}\int_0^\tau \langle T_t, \varphi(t+\xi)\rangle\, d\xi$$

Ora vogliamo far vedere che esiste il limite per ogni $\varphi \in \mathfrak{D}$

$$(1.15)\qquad \lim_{\tau\to\infty} \langle T * E_\tau , \varphi\rangle = \langle C, \varphi\rangle \qquad C \in E$$

(cioè il limite è una distribuzione costante, la quale sarà detta il valore medio di T).

Presa infatti una qualsiasi rappresentazione di T come somma di derivate

$$(1.16)\qquad T = \sum_0^m D^k f_k$$

(questa rappresentazione non è unica)
si ha, per ogni $\varphi \in \mathcal{D}$

$$(1.17)\qquad \langle T_t, \varphi(t+\xi)\rangle = \langle \sum_0^m D^k f_k , \varphi(t+\xi)\rangle = \\ = \sum_0^m \langle f_k , (-1)^k D_t^k \varphi(t+\xi)\rangle$$

e quindi

$$(1.18)\qquad \langle T * E_\tau , \varphi\rangle = \sum_0^m \frac{1}{\tau}\int_0^\tau \Big[\int_{-\infty}^{+\infty} f_k(t)(-1)^k D_t^k \varphi(t+\xi)dt\Big]d\xi$$

$$= \sum_0^m \frac{1}{\tau}\int_0^\tau \Big[\int_{-\infty}^{+\infty} f_k(s-u)(-1)^k D^k \varphi(s)ds\Big]d\xi =$$

$$= \sum_0^m (-1)^k \frac{1}{\tau}\int_0^\tau (f_k * D^k\varphi)(\xi)d\xi$$

Risulta allora

$$(1.19)\qquad \lim_{\tau\to\infty} \langle T * E_\tau , \varphi\rangle = \lim_{\tau\to\infty} \sum_0^m (-1)^k \frac{1}{\tau}\int_0^\tau (f_k * D^k\varphi)(\xi)d\xi$$

$$= \sum_0^m (-1)^k \mathcal{M}(f_k)\int_{-\infty}^{+\infty} (D^k\varphi)(u)\,du = \mathcal{M}(f_0)\int_{-\infty}^{+\infty}\varphi(u)du =$$

$$= \langle \mathcal{M}(f_0), \varphi\rangle \quad , \quad \forall \varphi \in \mathcal{D}$$

Essendo $\mathcal{D}'(t,E)$ separato per la topologia "debole" qui considerata, risulta che, presa ad arbitrio una rappresentazione di T come somma di derivate, è

$$(1.20)\qquad \lim_{\tau\to\infty} \langle T * E_\tau, \varphi\rangle = \langle \mathcal{M}(f_0), \varphi\rangle = \langle C, \varphi\rangle$$

ove la $f_0(t)$ è la funzione non-derivata nella rappresentazione di T considerata, e la costante $C \in E$ dipende soltanto da T ma non dalla sua particolare rappresentazione considerata.

Ora osserviamo che vale anche per distribuzioni q.p., come abbiamo già visto per funzioni q.p., la relazione

$$(1.21)\qquad \mathcal{M}(T * \alpha) = \mathcal{M}(T)\int_{-\infty}^{+\infty} \alpha(t)\,dt \quad ,$$

Infatti, se $T = \sum_0^n D^k f_k$, si ha

$$(1.22)\qquad \begin{aligned} \mathcal{M}(T*\alpha) &= \sum_0^n \mathcal{M}(f_k * D^k\alpha) = \sum_0^m \mathcal{M}(f_k)\cdot\int_{-\infty}^{+\infty}(D^k\alpha)(t)dt \\ &= \mathcal{M}(f_0)\int_{-\infty}^{+\infty}\alpha(t)dt = \mathcal{M}(T)\int_{-\infty}^{+\infty}\alpha(t)\,dt \quad , \quad \forall \alpha\in\mathcal{D} \end{aligned}$$

Adesso si nota che la funzione $e^{-i\lambda t}$ è quasi-periodica insieme con tutte le sue derivate. Quindi è quasi-periodica la distribuzione $e^{-i\lambda t}$. T nell'ipotesi che lo sia T . Consideriamo allora la relazione

$$(1.23)\qquad a_\lambda(T) = \mathcal{M}(e^{-i\lambda t}\, T) \in E \text{ , per ogni } \lambda \text{ reale.}$$

Proviamo che $a_\lambda(T)$ è diverso da θ in E , soltanto se $\lambda \in (\lambda n)_1^\infty = \sigma(T)$, cioè che lo <u>"spettro" di T è finito o numerabile</u>.

Prendiamo una successione $\alpha_n \in \mathcal{D}$, tale che valga in $\mathcal{S}'$, la relazione $\lim\limits_{n\to\infty} \alpha_n = \delta$.

Risulta allora che

$$\lim_{n\to\infty} a_\lambda(T*\alpha_n) = a_\lambda(T) \qquad \text{in } E \tag{1.24}$$

Vale infatti

$$a_\lambda(T*\alpha_n) = \mathcal{M}[e^{-i\lambda t}(T*\alpha_n)] = \tag{1.25}$$

$$= \mathcal{M}[e^{-i\lambda t}T * e^{-i\lambda t}\alpha_n] = \mathcal{M}(e^{-i\lambda t}T)\int_{-\infty}^{+\infty} e^{-i\lambda t}\alpha_n(t)\,dt$$

Se $n\to\infty$, risulta che $\int_{-\infty}^{+\infty} e^{-i\lambda t}\alpha_n(t)\,dt = \mathcal{F}(\alpha_n) \to \mathcal{F}(\delta) = 1$ e si ottiene che

$$\lim_{n\to\infty} a_\lambda(T*\alpha_n) = \mathcal{M}(e^{-i\lambda t}T) = a_\lambda(T) \tag{1.26}$$

Sia ora $\sigma_n = \sigma(T*\alpha_n)$; poichè le $T*\alpha_n$ sono funzioni quasi-periodiche da $t \in J$ a E, risulta, da noti argomenti di Bochner [4] che lo "spettro" σ_n è finito o numerabile. Se $\mathcal{G} = \bigcup\limits_1^\infty \sigma_n$ e $\lambda \notin \mathcal{G}$, si ha che $a_\lambda(T*\alpha_n) = \theta$ in E per tutti n = 1,2,.., e quindi $a_\lambda(T) = \theta$ in E. Si ricava che lo spettro di T, $\sigma(T)$ è contenuto in $\mathcal{G}$, ed è quindi anch'esso finito o numerabile.

Una relazione che ci sarà utile è la

$$\sigma(T*\alpha) \subset \sigma(T), \text{ per ogni } T \in \mathcal{D}'(t,E) \text{ quasi-periodica, e } \alpha \in \mathcal{D} \tag{1.27}$$

Sia infatti $\lambda \notin \sigma(T)$; si ottiene $a_\lambda(T) = \mathcal{M}(e^{-i\lambda t}T) = \theta$

in E . Poi $a_\lambda(T*\alpha) = \mathcal{M}[e^{-i\lambda t}(T*\alpha)] = a_\lambda(T)\int_{-\infty}^{\infty} e^{-i\lambda t}\alpha(t)dt = \epsilon$ in E e quindi $\lambda \notin \sigma(T*\alpha)$, cioè l'assetto.

Prima di terminare questo § , ricordiamo le definizioni delle distribuzioni vettoriali limitate e con traiettoria compatta.

<u>Una distribuzione</u> $T \in \mathcal{D}'(t,E)$ <u>è detta limitata su</u> $t \in J$ <u>se essa ammette una rappresentazione</u>

(1.28) $$T = \sum_{0}^{p} D^k f_k$$

<u>ove le</u> $f_k(t)$ <u>sono funzioni continue e limitate da</u> $t \in J$ <u>a</u> E .

Poi

<u>Una distribuzione</u> $T \in \mathcal{D}'(t,E)$ <u>è detta con traiettoria relativamente compatta su</u> $t \in J$ <u>se essa ammette una rappresentazione</u>

(1.29) $$T = \sum_{0}^{q} D^k g_k$$

<u>ove le</u> $g_k(t)$ <u>sono funzioni continue da</u> $t \in J$ <u>a</u> E , <u>tali che</u> $g_k(J)$ <u>è relativamente compatta in E per ogni</u> k .

E' immediato che se la distribuzione $T \in \mathcal{D}'(t,E)$ è limitata, oppure con traiettoria relativamente compatta, la stessa proprietà appartiene alle funzioni $(T*\alpha)(t)$, da $t \in J$ a E , prodotto di composizione di T con una qualsiasi $\alpha \in \mathcal{D}$. E' dimostrato in [14] e [18] che vale anche la reciproca, e cioè

<u>Se</u> $T \in \mathcal{D}'(t,E)$ <u>è tale che, per una qualsiasi</u> $\alpha \in \mathcal{D}$, <u>la funzione</u> $(T*\alpha)(s)$ <u>è limitata da</u> $t \in J$ <u>a</u> E (<u>è con traiettoria relativamente compatta da</u> J <u>a</u> E), <u>la distribuzione</u> T <u>ha, ri-</u>

spettivamente, le medesime proprietà.

§ 2. In questo § sono esposti risultati recenti sulle soluzioni quasi-periodiche dell'equazione delle onde, soluzioni funzioni e poi soluzioni-distribuzioni. I risultati sono pubblicati nei lavori [1] , [6] , [18] , [19] .

Rispetto ai lavori citati, l'esposizione che diamo è un pò più astratta e generale (vicina a quella di [6]).

Sia H uno spazio di Hilbert separabile, e L un operatore lineare autoaggiunto positivo (illimitato), con dominio di definizione D_L (denso in H). Una funzione u(t) da $t \in (a,b) \subset J$ in D_L è chiamata soluzione (debole) dell'equazione delle onde non-omogenea con termine noto f(t) continuo da $t \in (a,b)$ a H se :

u(t) è in H , derivabile con continuità, L u(t) è continua, e vale la

$$(2.1) \quad \int_\alpha^\beta (u'(t),h'(t))_H \, dt = \int_\alpha^\beta (L\,u(t),L\,h(t))_H \, dt - \int_\alpha^\beta (f(t),h(t))_H dt$$

per un qualsiasi intervallo $(\alpha,\beta) \subset (a,b) \subset J$ e per una qualsiasi "test-function" h(t), che soddisfa alle stesse condizioni di u(t), e in più : $L\,h(\alpha) = L\,h(\beta) = \theta$.

L'esistenza e l'unicità del problema di Cauchy (trovare una u(t) soluzione di (2.1), con $u(t_0) = u_0 \in D_L$, $u'(t_0) = v_0 \in H$, $t \in J$) è dismostrata da vari autori, l'intervallo (a,b) essendo tutto J . Rinviamo per una dimostrazione di unicità a Lions ([11] pag.167). L'esistenza si può dimostrare per l'equazione omogenea, usando il teorema di Hille-Yosida. Per l'equazione non-omogenea si ottengono, se è supposto che il termine noto f(t) è fortemente derivabile in H , soluzioni _più forti_ di (2.1), usando un risultato di Phillips [13] ; poi, approssimando una funzione - termine noto - f(t) che è soltanto continua, con funzioni $f_n(t)$ - indefinitamente derivabili - le soluzioni $u_n(t)$ corrispondenti avranno per limite, come si vede subito, una soluzione debole di (2.1) nel senso detto sopra.

Supponiamo ora _che_ f(t) _sia quasi-periodica da_ $t \in J$ _a_ H . E' dimostrato in [19] che

Prop.1.- Se esiste una soluzione u(t) _della_ (2.1) _definita su tutto_ J , _tale che_ L u(t) _e_ u'(t) _sono limitate in_ H _per_ $t \in J$, _allora esiste anche una soluzione_ $u^*(t)$ _di_ (2.1) _tale che_ $L u^*(t)$ _e_ $u^{*\prime}(t)$ _sono quasi-periodiche da_ $t \in J$ _a_ H .

Come corollario, risulta che

Prop.2.- Se una soluzione u(t) _di_ (2.1) _è tale che_ L u(t) _e_ u'(t) _hanno traiettoria relativamente compatta in_ H , _allora la_ L u(t) _e la_ u'(t) _sono anche quasi-periodiche da_ $t \in J$ _a_ H.

(Osserviamo che non si può sostituire in quest'ultimo enunciato la condizione di "relativa compattezza" con quella meno restrittiva di "limitatezza". Infatti, basta considerare l'equazione omogenea : f(t) = 0; _tutte_ le soluzioni u(t) sono tali che L u(t) e u'(t) sono limitate per $t \in J$, ma non è detto che generalmente le L u(t) e u'(t) sono quasi-periodiche).

Supponiamo ora che _l'operatore_ L _possieda un sistema numerabile di elementi propri_ $(e_n)_1^{\infty}$ _con autovalori_ $(\lambda_n)_1^{\infty}$, _completo_ in D_L e in H; e che valgono le relazioni

$$(L\,e_n,\ L\,h)_H = \lambda_n^2 (e_n,\ h)_H\ , \quad \text{per ogni } h \in D_L$$

(2.2) $$(e_n,\ e_m)_H = \frac{1}{\lambda_n \lambda_m}(L\,e_n,\ L\,e_m)_H = \delta_{n,m}$$

$$0 < \lambda_1 < \lambda_2 \dots < \lambda_n < \quad \to +\infty$$

Risultano allora i seguenti teoremi :

Teorema 1. (Bochner-Sobolev [5] , [16]). Se u(t) è soluzione di (2.1) con termine noto $f(t) \equiv \theta$, allora L u(t) e u'(t) sono q.p. da $t \in J$ a H .

Teorema 2. (Amerio [1]). Se u(t) è soluzione di (2.1) con $f(t) \not\equiv 0$, q.p. da $t \in J$ a H , e se L u(t) e u'(t) sono limitate in H per $t \in J$, allora L u(t) e u'(t) sono q.p. da $t \in J$ a H .

(Il corrispondente risultato per soluzioni relativamente compatte è stato anteriormente ottenuto in [20] ; vedasi anche [2])

Teorema 3. ([18]). Supponiamo che la funzione quasi-periodica f(t) da J a H abbia lo "spettro" $(\mu_n)_1^\infty$ e che nessuno dei punti $\pm \lambda_i$ sia punto di accumulazione per l'insieme $(\mu_n)_1^\infty$; allora, se u(t) è soluzione di (2.1), L u(t) e u'(t) risultano q.p. da $t \in J$ a H .

Ricordiamo ora le linee fondamentali delle dimostrazioni, così come sono date in [18] .

All'inizio si osserva che le soluzioni u(t) di (2.1) possono essere rappresentate con una semplice formula. Si considera lo spazio D_L con il prodotto scalare $((u,v))_{D_L} = (Lu,\ Lv)_H$, e lo spazio hilbertiano $\mathcal{H} = D_L \times H$. L'operazione lineare (illimitata)

(2.3) $\mathcal{A} = \begin{pmatrix} 0 & I \\ -L^2 & 0 \end{pmatrix}$ $D_{\mathcal{A}} = D_{L^2} \times D_L$

soddisfa alle condizioni del noto teorema di Hille-Yosida [8] nello spazio $\mathcal{H}$, ed è il generatore infinitesimale di un gruppo $G(t)$ di endomorfismi limitati di $\mathcal{H}$ in se stesso; $G(t+s) = G(t)\,G(s)$, $s,t \in J$; $G(0) = I$, $G(t)\,h$ è continua di $t \in J$, per ogni $h \in \mathcal{H}$; $\|G(t)\|_{\mathcal{L}(\mathcal{H},\mathcal{H})} = 1$.

Risulta che, se il vettore (u_0,v_0) appartiene a $D_{L^2} \times D_L$ allora il vettore $(u(t),v(t)) = G(t)(u_0,v_0)$ è tale che

(2.3) $u'(t) = v(t)$ in D_L , $v'(t) = -L^2u(t)$, in H

ed è naturalmente la funzione $u(t)$ una soluzione di (2.1) con $f \equiv 0$. Osservando che $D_{L^2} \times D_L$ è denso in $D_L \times H$, risulta che il vettore $(u(t),v(t)) = G(t)(u_0,v_0)$, per (u_0,v_0) qualsiasi in $D_L \times H$, sarà una soluzione di

(2.4) $\int_\alpha^\beta (v(t),h'(t))dt = \int_\alpha^\beta (L\,u(t),L\,h(t))\,dt$,

$u'(t) = v(t)$ in H

ove $h(t)$ - la "test function" - è come in (2.1), e (α,β) è qualsiasi in J .

Poi, se $f(t)$ è fortemente derivabile da $t \in J$ a H , un teorema di Phillips [13] dà che il vettore

(2.5) $(u(t),v(t)) = \int_0^t G(t-s)\,(\theta,f(s))ds$ (integrale in $\mathcal{H}$)

è una soluzione (forte) di

$$(2.6) \qquad u'(t) = v(t), \text{ in } D_L , \quad v'(t) = -L^2u(t) + f(t) , \text{ in } H$$

ed è quindi una soluzione di

$$(2.7) \qquad \begin{aligned} & u'(t) = v(t) \text{ in } H , \\ & \int_\alpha^\beta (v(t),h'(t))dt = \int_\alpha^\beta (L\, u(t), L\, h(t))dt + \int_\alpha^\beta (f(t),h(t))dt \end{aligned}$$

Se adesso supponiamo che $f(t)$ è soltanto continua, risulta che il vettore (2.5) è ancora soluzione di (2.7), regolarizzando la f e passando poi al limite.

Si ottiene quindi, sfruttando anche il risultato di unicità al quale abbiamo già accennato, che una qualsiasi soluzione di (2.1), con condizioni iniziali : $u(0) = u_0 \in D_L$, $u'(0) = v_0 \in H$, è data dalla formula

$$(2.8) \qquad (u(t),u'(t)) = G(t)(u_0,v_0) + \int_0^t G(t-s)\,(\theta ,f(s))ds$$

Naturalmente questi ragionamenti valgono per un operatore L che non soddisfa necessariamente le condizioni (2.2). Ora, nell'ipotesi che anche le (2.2) sono verificate, si ottiene che il gruppo $G(t)$ è tale che, per ogni $h \in \mathcal{H}$, è quasi-periodica la funzione $G(t)h$; precisamente vale la seguente rappresentazione del gruppo $G(t)$:

$$(2.9) \qquad \begin{aligned} & G(t)(u_0,v_0) = \left\{ \sum_1^\infty \gamma_n(t) \frac{1}{\lambda_n} e_n , \ \sum_1^\infty \gamma'_n(t) \frac{1}{\lambda_n} e_n \right\} \\ & \gamma_n(t) = a_n \cos\lambda_n t + b_n \sin\lambda_n t , \quad a_n = \frac{(Lu_0,Le_n)_H}{\lambda_n} , \\ & \qquad b_n = (v_0,e_n) \end{aligned}$$

(questo è il T.1 (Bochner-Sobolev)).

Osserviamo adesso che :

<u>Se</u> $f(t)$ <u>è q.p. da</u> $t \in J$ <u>a</u> H , <u>la funzione</u> $G(t)(\theta, f(t))$ <u>è q.p. da</u> $t \in J$ <u>a</u> $D_L \times H$.

Questo è ovvio se $f(t)$ è un polinomio trigonometrico $P_m(t) = \sum_0^m a_k e^{i\mu_k t}$, $a_k \subset H$, come risulta dalla rappresentazione (2.9). Poi, per una funzione q.p., $f(t)$, qualsiasi, esiste una successione $P_m(t)$ di polinomi trigonometrici con $a_k \in H$, la quale converge verso $f(t)$ in H, uniformemente per $t \in J$ (teorema di approssimazione che vale in spazi di Banach e anche in spazi più generali - Bochner [4] , Bochner-von Neumann [7]). Allora, in $\mathcal{H}$ $G(t)(\theta, P_m(t))$ converge verso $G(t)(\theta, f(t))$, uniformemente in $t \in J$, poichè è $\|G(t)\|_{\mathcal{L}(\mathcal{H},\mathcal{H})} = 1$.

Ora diamo la dimostrazione del teorema di Amerio (T.2). Si fa uso di un altro importante e collegato risultato dello stesso autore, [3] che estende alle funzioni vettoriali con valori in uno spazio di Hilbert (e anche di Banach, ma uniformemente convesso), il classico teorema di Bohr sull'integrale di una funzione quasi-periodica. Precisamente si ha che :

<u>Se</u> $f(t)$ <u>è quasi-periodica di</u> $t \in J$ <u>in</u> H (<u>spazio di Banach uniformemente convesso</u>), <u>se</u> $u(t)$ <u>da</u> $t \in J$ <u>in</u> H <u>è limitata, e se vale</u> : $u'(t) = f(t)$, <u>allora</u> $u(t)$ <u>è quasi-periodica da</u> $t \in J$ <u>in</u> H. (Per la dimostrazione vedasi [3]).

Supponiamo ora che il vettore (2.8) - soluzione di (2.1) - sia limitato da $t \in J$ in $\mathcal{H} = D_L \times H$. Risulta che è limitato l'integrale

$$\int_0^t G(t-s)(\theta, f(s))ds = G(t)\int_0^t G(-s)(\theta, f(s))ds$$

e quindi anche l'integrale

$$\int_0^t G(-s)\,(\theta,f(s))ds \;.$$

Ma, come abbiamo visto, la funzione sotto il segno d'integrazione è q.p..

Quindi anche l'integrale, essendo limitato, è q.p., e con esso la funzione

$$G(t)\int_0^t G(-s)(\theta,f(s))ds \;, \quad \text{risulta q.p.}$$

Ora dimostriamo il T.3. (vedasi anche [18]). Anzitutto si prova che vale per funzioni q.p. da $t \in J$ inuno spazio di Banach E, un risultato che per funzioni scalari è dovuto a Favard, e cioè :

<u>Se</u> 0 <u>non è un punto di accumulazione per lo "spettro" della funzione quasi-periodica</u> f(t) <u>da</u> $t \in J$ <u>a</u> E , <u>allora l'integrale indefinito</u>

$$\int_0^t f(u)\,du$$

<u>è anch'esso una funzione quasi-periodica</u>.

(Per la dimostrazione vedasi : [9] , pag.89 e [18]).

Ora, nell'ipotesi del T.3, basta far vedere che la funzione q.p.

$$G(-s)(\,\theta,f(s))$$

soddisfa la condizione del risultato di Favard. Ebbene, questo è facilmente verificabile per i polinomi approssimanti di Bochner-Fejer $(\theta,\, P_m(t))$ associati alla funzione q.p. $(\theta,f(t))$. Esiste cioè un $\alpha > 0$, tale che

$$\mathfrak{M}\{e^{-i\lambda s}[G(-s)(\theta,P_m(s))]\} = \theta \quad , \text{ per } |\lambda|<\alpha \text{ e } m = 1,2,\ldots$$

Passando al limite per $m \to \infty$, si ha che

$$\mathfrak{M}\{e^{-i\lambda s}[G(-s)\,(0,f(s))]\} = \theta \quad , \text{ per } |\lambda|<\alpha$$

e quindi l'integrale $\int_0^t G(-s)\,(\theta,f(s))ds$ è q.p., e con esso la funzione $G(t)\int_0^t G(-s)\,(\theta,f(s))ds + G(t)\,(u_o,v_o)$, q.e.d.

§ 3. Soluzioni distribuzioni vettoriali.

Introduciamo ora, seguendo Lions [10], [12] , soluzioni distribuzioni, dell'equazione (2.1), ove nel posto del termine noto f(t) non è più una funzione, ma una distribuzione (vettoriale) $F \in \mathcal{D}'(t,H)$. (che può naturalmente essere $\equiv \theta$).

Anzitutto, sull'insieme $D_{L^2} \times D_L$ si introduce la norma hilbertiana

$$(3.1) \qquad \|x\|^2_{D_{L^2}} = \|x\|^2_{D_L} + \|L^2 x\|^2_H = \|L\,x\|^2_H + \|L^2 x\|^2_H \;;$$

per le proprietà di L, L^2 questo è uno spazio completo, e l'operatore L^2 risulta lineare e continuo da D_{L^2} in H . Si considera ora una distribuzione $U \in \mathcal{D}'(t,D_{L^2})$; come risulta dal § 1, è definita la distribuzione $L^2\,U \in \mathcal{D}'(t,H)$, dalla formula

$$(3.2) \qquad \langle L^2\,U, \varphi\rangle = L^2\langle U, \varphi\rangle \quad , \forall\varphi \in \mathcal{D}$$

Diremo che U è soluzione della (2.1) con termine noto $F \in \mathcal{D}'(t,H)$ se vale

(3.3) $D^2U = -L^2U + F$, cioè $\langle U, \varphi''(t)\rangle = -L^2 \langle U,\varphi\rangle + \langle F,\varphi\rangle$

per ogni $\varphi \in \mathcal{D}$

Ricordiamo che noi consideriamo soluzioni "definite su tutto J" in un ovvio senso. Non ci occupiamo però di dare un teorema di esistenza per il caso non-omogeneo (per il caso omogeneo le soluzioni forti costruite sono ovviamente soluzioni-distribuzioni). Rinviamo per questo a Lions [10] , [12] , Treves [17] . Noi diamo solamente qualche risultato di tipo qualitativo per soluzioni-distribuzioni, supponendo già nota la loro esistenza.

Anzitutto conviene far vedere che le soluzioni distribuzioni qui considerate sono effetivamente più generali delle soluzioni deboli considerate in (2.1); ciò si fa usando uno schema di Lions [12] , pag.231.

Supponiamo dunque che u(t) da $t \in J$ a D_L sia con L u(t) continua, e sia derivabile da J in H , che f(t) sia continua da $t \in J$ a H , e che valga la (2.1). Se ne deduce allora <u>a fortiori</u> che per ogni $h \in D_L$ e $\varphi(t) \in \mathcal{D}$, risulta

$$(3.4)\quad -\int_{-\infty}^{\infty}(u(t),h)_H\,\varphi''(t)dt = \int_{-\infty}^{+\infty}(L\,u(t),L\,h)_H\,\varphi(t)dt - \\ - \int_{-\infty}^{\infty}(f(t),h)_H\,\varphi(t)dt$$

oppure

$$(3.5)\quad -(\langle u(t),\varphi''(t)\rangle, h)_H = (\langle L\,u(t),\varphi(t)\rangle, Lh)_H - \\ - (\langle f(t),\varphi(t)\rangle, h)_H$$

ove la $\langle , \rangle$ è la "dualità" fra $\mathcal{D}$ e $\mathcal{D}'(t,H)$.

Essendo $u(t) \in \mathcal{D}'(t,D_L)$ e L continuo da D_L in H , si ha che

(3.6) $\langle L\, u(t), \varphi(t)\rangle = L\, \langle u(t), \varphi(t)\rangle$, e si ottiene che

$$(L \langle u(t), \varphi(t)\rangle \;, L\, h)_H = -(\langle u(t), \varphi''(t)\rangle \,,h)_H + $$
$$+ (\langle f(t), \varphi(t)\rangle \,,h)_H$$

Quindi la forma,lineare in h, del primo termine, è anche continua di h, nella topologia di H . Si può dimostrare allora, usando il fatto che L è auto-aggiunto e quindi simmetrico-massimale, che risulta $\langle u(t), \varphi(t)\rangle \in D_{L^2}$ e

(3.7) $(L \langle u(t), \varphi(t)\rangle, Lh)_H = (L^2 \langle u(t), \varphi(t)\rangle \,,h)_H$ donde

(3.8) $- \langle D^2 u,\varphi\rangle = L^2 \langle u,\varphi\rangle - \langle f, \varphi\rangle$

Ora se $\varphi_n \to 0$ in $\mathcal{D}$, è ovvio che $L \langle u, \varphi_n\rangle \to 0$ in H, e dalla (3.8) anche la $L^2 \langle u, \varphi_n\rangle \to 0$; quindi $\langle u, \varphi_n\rangle \to 0$ in D_{L^2} , e ciò significa che la distribuzione U generata dalla soluzione u(t), è in $\mathcal{D}'(t,D_{L^2})$; poi la (3.8) si può scrivere

$$D^2 U = -L^2\, U + F \qquad (\langle F,\varphi\rangle = \int f(t)\, \varphi(t) dt)$$

quindi l!assetto.

Siamo ora in grado di enunciare l'estensione al caso delle soluzioni-distribuzioni, della Prop.2 e dei Teoremi 1,2,3. La Prop.1 non è stata finora estesa al caso di soluzioni-distribuzioni.

Teorema 4. Sia $F \in \mathcal{D}'(t,H)$ è quasi-periodica, e $U \in \mathcal{D}'(t,D_{L^2})$ soddisfa alla

$$D^2U = - L^2U + F$$

Allora se U, come distribuzione di $\mathcal{D}'(t,D_L)$, e DU, come distribuzione di $\mathcal{D}'(t,H)$, sono con traiettoria relativamente compatta, risulta che negli stessi spazi U e DU sono distribuzioni quasi-periodiche.

Supponiamo adesso che L soddisfi alle condizioni (2.2). Si ha

Teorema 5. Sia $U \in \mathcal{D}'(t,D_{L^2})$ soddisfa $D^2U = L^2U$. Allora, U nello spazio $\mathcal{D}'(t,D_L)$ e DU nello spazio $\mathcal{D}'(t,H)$ sono quasi-periodiche.

Teorema 6. Sia $F \in \mathcal{D}'(t,H)$ è quasi-periodica e $U \in \mathcal{D}'(t,D_{L^2})$ soddisfa $D^2U = - L^2U + F$; se U è limitata come distribuzione di $\mathcal{D}'(t,D_L)$ e DU è limitata come distribuzione di $\mathcal{D}'(t,H)$, allora negli stessi spazi, U e DU risultano quasi-periodiche.

Teorema 7. Sia $F \in \mathcal{D}'(t,H)$ quasi-periodica e tale che lo spettro $\sigma(F)$ non abbia punti di accumulazione fra i numeri $(\pm \lambda_i)_1^\infty$; allora, se $U \in \mathcal{D}'(t,D_{L^2})$ soddisfa $D^2U = - L^2U + F$, U in $\mathcal{D}'(t,D_L)$ e DU in $\mathcal{D}'(t,H)$ sono quasi-periodiche.

Tutti questi risultati si dimostrano nello stesso modo, regolarizzando con funzioni $\alpha \in \mathcal{D}$, applicando i risultati per soluzioni-funzioni e le proprietà delle distribuzioni vettoriali esposte nel § 1. Vedansi anche i lavori dell'autore [18], [19].

B I B L I O G R A F I A

1. L.AMERIO : Quasi-periodicità degli integrali ad energia limitata dell'equazione delle onde, con termine quasi-periodico, I,II,III, Rend.Acc.Naz.dei Lincei, 28 (1960).
2. L.AMERIO : Problema misto e quasi-periodicità per l'equazione delle onde non-omogenea, Ann.di Mat., 29 (1960).
3. L.AMERIO : Sull'integrazione delle funzioni quasi-periodiche astratte, Ann.di Mat., vol.LIII, (1961), 371-382.
4. S.BOCHNER : Abstrakte Fast-periodische Funktionen, Acta Math. 61 (1933).
5. S.BOCHNER : Fast-periodische Losungen der Wellen-Gleichung, Acta Math. 62 (1934).
6. S.BOCHNER : Almost-periodic solutions of the inhomogeneous wave equation, Proc.Nat.Acc.Sci., sept.1960, p.1233.
7. S.BOCHNER - J.VON NEUMANN : Almost periodic functions in a group, II, Trans.Amer.Math.Soc., 37 (1935), 21-50.
8. E.HILLE - R.S.PHILLIPS : Functional Analysis and Semi-Groups, Second revised edition, New-York 1957.
9. B.M.LEVITAN : Funzioni quasi-periodiche (in russo), Mosca 1953.
10. J.L.LIONS : Problèmes aux limites en théorie des distributions, Acta Math. 94, 13-153 (1955).
11. J.L.LIONS : Problemi misti nel senso di Hadamard, classici e generalizzati, Rend.Sem.Mat.Fis.Milano, 28, 3-47 (1959).

12. J.L.LIONS : Equations différentielles operationnelles, Springer-Verlag, 1961.

13. R.S.PHILLIPS : Perturbation theory for semi-groups of linear operators, Trans.Amer.Math.Soc., 74 (199-221),1953.

14. L.SCHWARTZ : Théorie des distributions, vol.II, Hermann, Paris 1951.

15. L.SCHWARTZ : Théorie des distributions à valeurs vectorielles, 1, Ann.Inst.Fourier, 7, 1-139 (1957).

16. S.L.SOBOLEV : Sur la presque-periodicité des solutions de l'équation des ondes, Dokl.Ac.Nauk.S.S.S.R., I,II,III, (1945).

17. F.TREVES : Relations de domination entre opérateurs différentiels, Acta Math. 101, 1-139 (1959).

18. S.ZAIDMAN : Solutions presque-périodiques des équations hyperboliques, à parraitre dans les Ann.Ecole Normale Sup., Paris.

19. S.ZAIDMAN : Solutions presque-périodiques dans le problème de Cauchy pour l'équation non-homogène des ondes, Rend. Acc.Naz.dei Lincei, Maggio-Giugno 1961.

20. S.ZAIDMAN : Sur la presque-périodicité des solutions de l'équation des ondes non-homogène , Journ.Math.Mech. 8 (1959).